Inhaltsverzeichnis

Bildquellenverzeichnis

akg-images, Berlin: 131/2, 132/1; BASF, Ludwigshafen: 148/1; Bibliographisches Institut & F. A. Brockhaus, Mannheim: 81/u.l.; Robby Buttke, Zschopau: 80/1, 87/1; Corel Photos Inc.: 128/1, 128/2; DaimlerChrysler AG: 108/1; Deutsches Hygiene-Museum Dresden: 147/1; Deutsches Zentrum für Luft- und Raumfahrt e.V.: 57; Lutz Engelmann, Berlin: 17/2, 17/3, 18, 30/1; Rainer Fischer, Berlin: 156; Dr. Tilo Geisel, Paulinenaue: 127, 149/m.; Detlef Langermann, Berlin: 6/1; Boris Mahler, Berlin: 139; mauritius images/age footstock: 5, 45/m.; mauritius images/Nonstock: 46; mauritius images/Nonstock Untitled: 45/u.l.; mauritius images/SuperStock: 45/u.r.; Horst Munzig, Mindelheim: 45/o.r.; NASA: 61/1, 62/1, 65/1, 66/1; Novastock/f1 online: 131/1, Paetec Verlag: 35/2o., 35/2u.; Photo Disc Inc.: 3, 53, 81/o.l., 81/m., 81/u.r., 150, 154; picture-alliance: 113; picture-alliance/akg-images: 132/2; picture-alliance/dpa: 45/o.l., 50/1, 119/o.r., 119/u.r., 124, 149/o.l., 149/o.r., 149/u.l., 149/u.r.; picture-alliance/ZB: 49/1, 119/o.l., 119/u.l.; Pitopia/Alexandra Buss, 2004: 155; public domain: 24/1; Michael Raab, Kandern: 137/1; Wolfgang Rafelt, Arnsdorf: 108/2, 134/1, 134/2, 134/3, 135/1, 136/2; Dieter Ruhmke, Berlin: 89, 119/m.; Roger Schmidt, Buchholz: 151; Uwe Schwippl, Berlin: 54/1; Siemens AG/München: 129/1; Stadtspieltruppe Potsdam: 81/o.r., 82, 120; Horst Theuerkauf, Gotha: 6/2; VW AG, Wolfsburg: 35/1.

1 Medientypen und Multimedia

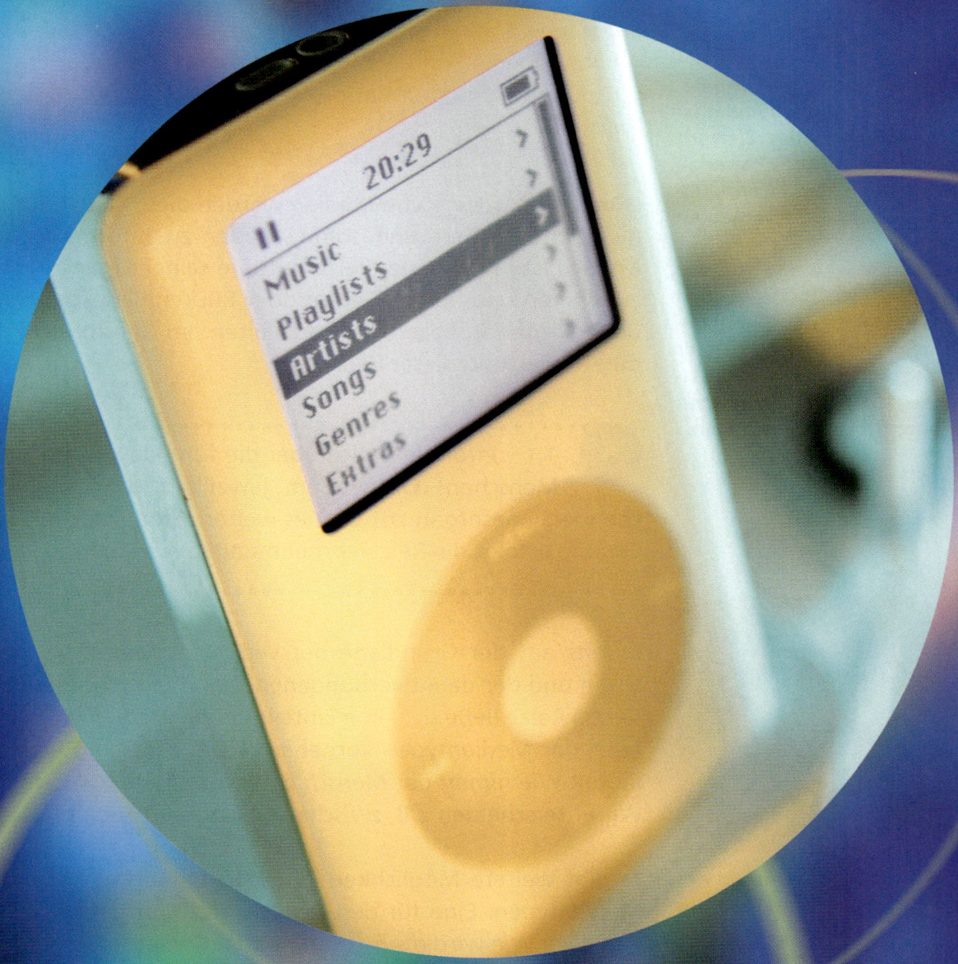

1 Zeitungen sind Printmedien.

Ein **Medium** stellt im Bereich der Kommunikation ein vermittelndes Element (Substanz, physikalisches Material) zur Übertragung der Informationen dar, also es ist „vergegenständlicht".
Als **Medientyp** wird die Art der Einteilung der zu übertragenden Informationen (und der Daten) bezüglich der Form (des Typs) ihrer Darstellung angesehen. Letztendlich wird unter dem definierten Medienbegriff beides verstanden.

1.1 Medien und Medientypen

Medien in ihrer vielfältigsten Form umgeben uns überall, ob die morgendliche Radiosendung beim Frühstück, das Lehrbuch im Unterricht, der MP3-Player auf dem Weg von der Schule nach Hause oder das Poster an der Werbetafel.

Medien sind Mittel zur Speicherung, Verarbeitung und Darstellung von Daten, die aus der Abbildung von Informationen gewonnen werden. Sie dienen der Verbreitung von Informationen. Als Medium werden der Datenträger und die Codierung der Information, also der **Medientyp,** zusammengefasst.

Durch die Nutzung von Medien werden diese Daten aufgenommen, interpretiert und somit wieder zu Informationen. Der Mensch ist in der Lage, Reize mithilfe seiner **Sinnesorgane** aufzunehmen und an das Gehirn oder Rückenmark (bei einfachen unbedingten Reflexen) weiterzuleiten. Im Gehirn erfolgt dann die Auswertung dieser Reize.

A 1.1 Informiere dich über die fünf klassischen Sinne des Menschen! Ordne dem jeweiligen Sinn das entsprechende Sinnesorgan zu! Gibt es weitere Sinne? Mittels welcher Organe erfolgt die Reizwahrnehmung?

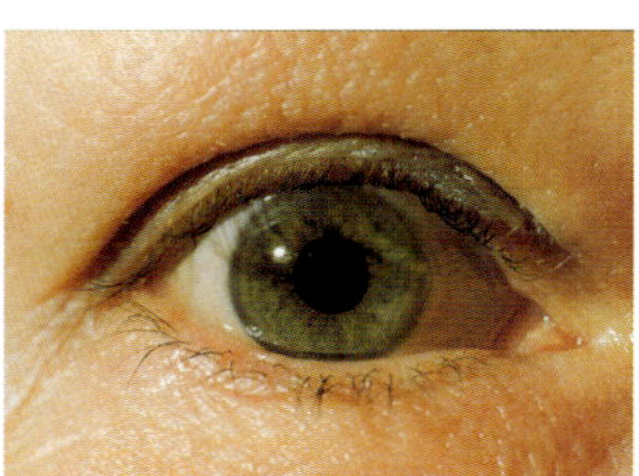

2 Das wichtigste Sinnesorgan des Menschen für das Sehen ist das Auge.

Bereits auf der Grundlage der verschiedenen Sinne des Menschen und der damit verbundenen Wahrnehmung der verschiedenen Reize ließe sich eine Einteilung der Medien und vor allem auch der Medientypen vornehmen. Die zentrale Frage hierfür lautet: *Wie nimmt der Mensch die Information auf bzw. wahr?* Wir unterscheiden z. B. zwischen Gerüchen, Tönen u. a.

Es gibt weitere Möglichkeiten der Einteilung von Medien und Medientypen. Eine für den Bereich der Informatik wesentliche Frage ist: *Wie wird die Information im Computer abgebildet?* Für eine solche Betrachtung ist es zweckmäßig, den Begriff der digitalen Medien zugrunde zu legen.

Der Zusammenhang zwischen Daten und Informationen sowie der damit ver-
enen Abbildungs- und Inter-
tionsprozesse werden in Ab-
tt 2.1 genauer betrachtet.

Als **digitales Medium** wird ein Datenträger bezeichnet, der Informationen und somit die Daten als digitale Werte speichert.

Eine mögliche Einteilung von Medientypen ist in der folgenden Übersicht zusammengefasst. Dabei werden häufig **einfache** und **zusammengesetzte Medientypen** unterschieden:

einfache Medientypen

Medientyp	Darstellung
formatierter Text	Folge von Zeichen
Grafik – Vektorgrafik – Pixelgrafik	 Menge geometrischer Objekte Menge von Bildpunkten (Pixel)
Audio	Folge von Samples
Animation	Folge von (Vektor-)Grafiken
Video	Folge von Pixelgrafiken

zusammengesetzte Medientypen (Auswahl)

Medientyp	zusammengesetzt aus
Stummfilm	Video und Text (Untertitel)
Videofilm	Video und Audio
Homepage	Text, Grafik, ggf. Audio u.a.m.
Multimedia-dokument	Text, Grafik, Audio, Video und Animation

Ein Text wird dann zum digitalen Medium, wenn neben der formalen digitalen Speicherung der Zeichen bzw. Zeichenfolgen auch die Informationen zum Layout, also zur Formatierung des Textes, mitgespeichert werden.

Beispiele für Standards und Datenformate:

Text	RTF, TXT, PDF, PS
Grafik	GIF, TIF, JPEG
Audio	MIDI
Video	MPEG

A 1.2 Medien und Medientypen lassen sich vielfältig einteilen. Kriterien dafür kannst du durch eine geeignete Frage ausdrücken, z.B: *Auf welchem Datenträger werden die Daten gespeichert?* Oder: *Wie werden die Daten und die damit verbundenen Informationen übertragen?*
Wähle ein Kriterium zur Einteilung von Medien aus. Gib eine solche mögliche Einteilung an! Nutze ggf. auch den Abschnitt 4.1!

Mit der Erfindung des Buchdrucks 1440 (JOHANNES GUTENBERG, 1400–1468) bestimmten Printmedien die folgende Zeit. Im 19.Jh. entstanden technische Medien, wie Fotografie und Film. Das 20.Jh. war wesentlich durch die Einflüsse von Rundfunk und Fernsehen geprägt. Es schloss sich eine rasante Entwicklung digitaler Medien an.

Die Geschichte der Medien ist eng mit der Geschichte der Kommunikation (↗ Abschnitt 4.1) verbunden. Aufgrund der rasanten Entwicklung digitaler Medien in den letzten Jahrzehnten wurde der Begriff der **neuen Medien** geprägt. Er fasst neuartige Formen der Informationserfassung, -verarbeitung und -wiedergabe zusammen. Charakteristisch ist das digitale Vorliegen der Daten sowie eine Interaktivität beim Umgang mit diesen. Werden verschiedene Medientypen in einem Dokument zusammengefasst, wird schnell von **Multimedia** gesprochen.

Als Multimedia wird ein digitales Medium bezeichnet, in dem mindestens zwei Medientypen vereint sind, die durch unterschiedliche Sinne erfasst werden.

Ein Text mit eingefügten Grafiken ist in der Regel kein multimediales Dokument. Hingegen stellt z.B. ein vertonter Stummfilm ein solches dar.

1.2 Die Welt in Farben und Formen – Grafik

Farbe ist eine Empfindung, die erst im Gehirn entsteht. In der Netzhaut des Auges befinden sich drei Arten von „Zapfen", die jeweils für besondere Wellenlängen des Lichts empfindlich sind. Die maximalen Empfindlichkeiten liegen in den Wellenlängenbereichen, die wir dann als „Rot", „Grün" bzw. „Blau" wahrnehmen.

Für die Bearbeitung von Fotos, für Konstruktionszeichnungen oder für das Erstellen von Grafiken stehen dem Anwender unterschiedliche Grafiksysteme zur Verfügung. Bei den meisten Anwendungen spielen Farben, ihre Erzeugung und Verwendung eine entscheidende Rolle.

Die Gestaltungsmöglichkeiten für Grafiken hängen stark von der Anzahl der benutzbaren Farben **(Farbtiefe)** ab.
Außerdem solltest du immer beachten, welche Ein- und Ausgabegeräte du verwendest, denn jedes Gerät besitzt einen eigenen, mehr oder weniger eingeschränkten Farbraum.

Im Allgemeinen wird zwischen additiver Farbmischung (RGB-Modell, beispielsweise für den Monitor) und subtraktiver Farbmischung (CMYK-Modell, beispielsweise für den Drucker) unterschieden.

1 additive Farbmischung

Bei der **additiven Farbmischung (RGB-Farbraum)** werden alle Farben des Farbkreises durch Mischen des Lichtes der **Grundfarben R**ot, **G**rün und **B**lau erzeugt.
Durch Mischen von rotem, grünem und blauem Licht erhält man weißes Licht. Die Wellenlängen der drei Grundfarben werden übereinandergelagert (addiert).
Außerdem gilt:
- Gegenüberliegende Farben des Farbkreises ergeben beim Mischen Weiß **(Komplementärfarben).**
- Jede Farbe des Farbkreises kann man durch Mischen der beiden benachbarten Farben erhalten.

Bei einer Farbtiefe von 8 Bit stehen für eine Grundfarbe $2^8 = 256$ Intensitätsstufen zur Verfügung (von 0 bis 255). Beispiele:
- Das Tripel (R, G, B) = (255, 0, 0) liefert reines Rot.
- (200, 0, 0) ist ein dunkleres Rot.
- (0, 0, 0) ist die Abwesenheit von Licht (Schwarz).

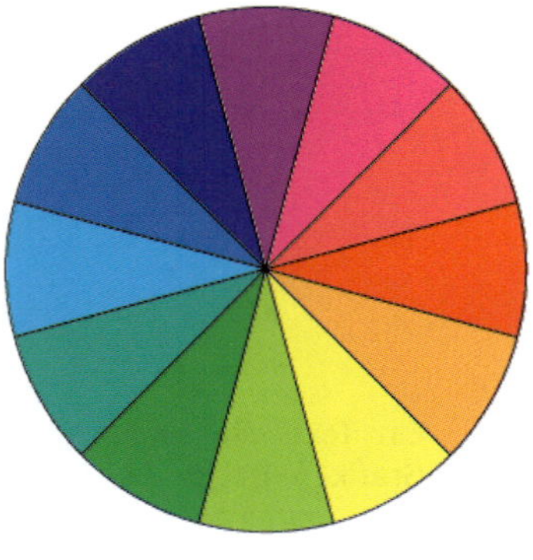

2 Beispiel für einen Farbkreis

A 1.3 Nenne die Farben, welche du durch die im Folgenden genannten (R, G, B)-Tripel erhältst!

a) (R, G, B) = (255, 255, 0) b) (R, G, B) = (125, 125, 0)
c) (R, G, B) = (0, 255, 255) d) (R, G, B) = (0, 100, 100)
e) (R, G, B) = (255, 0, 255) f) (R, G, B) = (200, 0, 200)
g) (R, G, B) = (255, 255, 255) h) (R, G, B) = (0, 0, 50)

Der RGB-Farbraum besitzt eine Farbtiefe von 24 Bit (16 777 216 Farben). Diese ergibt sich aus dem Produkt der Darstellungstiefen der einzelnen Grundfarben:

$256 \times 256 \times 256 = 2^8 \times 2^8 \times 2^8 = 2^{24}$.

Hier wird z. B. die Farbe (R, G, B) = (14, 186, 148) in einem kleinen, für Grafikprogramme typischen Fenster definiert:

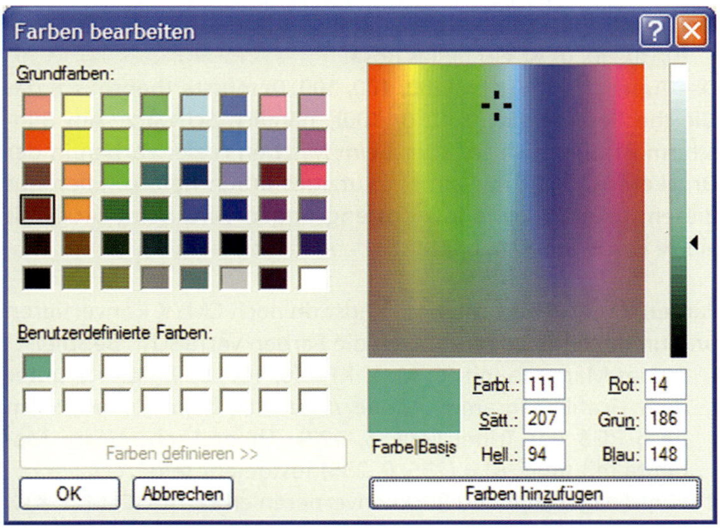

Beim Mischen von Farben wird das gerundete arithmetische Mittel der jeweiligen Intensitätsstufen gebildet:

– $(255, 0, 0) + (255, 255, 0) = (255, 127, 0) = (\frac{255 + 255}{2}, \frac{0 + 255}{2}, \frac{0 + 0}{2})$

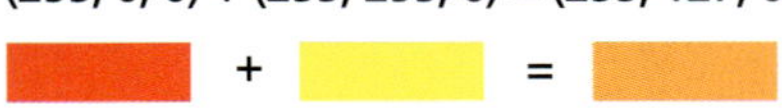

– (75, 255, 179) + (255, 0, 255) = (165, 127, 217)

Bei der **subtraktiven Farbmischung (CMYK-Farbraum)** werden alle Farben des Farbkreises durch Mischen der **Grundfarben C**yan (Blaugrün), **M**agenta (Purpur) und **Y**ellow (Gelb) erzeugt. Blac**k** (Schwarz) erhält man durch Mischen von Cyan, Magenta und Yellow. Beim Druck wird meist eine gesonderte Schwarz-Patrone oder Schwarz-Platte genutzt. Außerdem gilt:

- Gegenüberliegende Farben des Farbkreises ergeben beim Mischen Schwarz **(Komplementärfarben).**
- Die Grundfarben der subtraktiven Farbmischung (Cyan, Magenta, Yellow) haben als Komplementärfarben die Grundfarben der additiven Farbmischung (Rot, Grün und Blau).

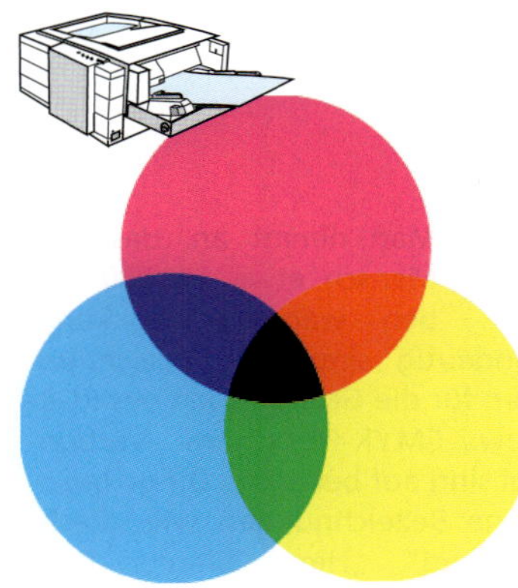

1 subtraktive Farbmischung

Das CMYK-Modell basiert auf der Lichtabsorptionsfähigkeit der Farben auf bedrucktem Papier: Wenn weißes Licht auf die Druckfarben trifft, wird ein Teil des Farbspektrums absorbiert. Nicht absorbierte Wellenbereiche werden reflektiert, treffen auf das Auge und werden durch das Gehirn in Farbempfindungen umgewandelt.

Der CMYK-Farbraum besitzt eine Farbtiefe von 32 Bit (4 294 967 296 Farben). Diese ergibt sich aus dem Produkt der Darstellungstiefen der Grundfarben:

$256 \times 256 \times 256 \times 256 = 2^8 \times 2^8 \times 2^8 \times 2^8 = 2^{32}$.

Die Farbanteile im CMYK-Farbraum werden oft in Prozent angegeben. Beispiele:

- Das Tupel (C, M, Y, K) = (0, 100, 100, 0) ist reines Rot.
- (0, 100, 100, 20) liefert ein dunkleres Rot.
- (0, 30, 30, 0) ist ein helles Rosa.

Das Tupel (C, M, Y, K) = (100, 100, 100, 0) müsste theoretisch das Gleiche liefern wie (0, 0, 0, 100), nämlich Schwarz. Am Bildschirm ist dies auch so, aber beim Mischen realer Farben in der Druckerei kommt nur ein schmutziges Braun heraus. Eben aus diesem Grunde sowie aus Kostengründen wird beim Druck als vierte Farbe Schwarz benutzt.

Farben des RGB-Farbraumes kannst du nach CMYK konvertieren und umgekehrt. Dabei werden die Farben verfälscht. *Beispiel:*

- Reines Magenta mit (C, M, Y, K) = (0, 100, 0, 0) lieferte unter dem Grafikprogramm *Adobe Illustrator* beim Konvertieren nach RGB das Tripel (239, 5, 127). Theoretisch müsste Magenta mit (R, G, B) = (255, 0, 255) festgelegt sein.
  Fünfmaliges Hin- und Rückkonvertieren erbrachte (C, M, Y, K) = (2,34; 97,66; 7,81; 0,39) und (R, G, B) = (235, 10, 125).

Durch diese Schmutzeffekte beim Farbabgleich mit Schwarz ist eine mathematisch exakte Modellierung des Mischens über Mittelwertbildung wie bei der additiven Farbmischung nur sehr bedingt möglich.

Für die Darstellung am Monitor sind „RGB-Formate" wie JPG und GIF besonders geeignet, für den Drucker „CMYK-Formate" wie TIFF oder EPS (↗ S. 13 bis 15).

Das vom menschlichen Auge wahrgenommene Farbspektrum (a) ist breiter als der Farbumfang eines technisch erzeugten Farbraums. Darüber hinaus sind RGB-Farbraum (b) und CMYK-Farbraum (c) nicht deckungsgleich. Ein gescanntes Bild sieht deshalb am Bildschirm oft anders aus als gedruckt.

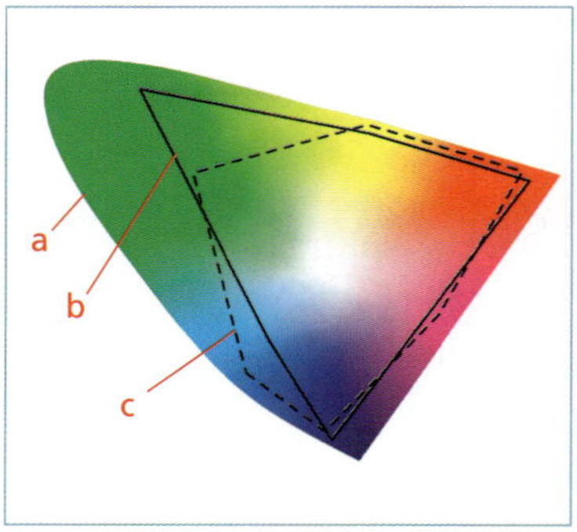

Man nimmt an, dass der Mensch etwa 100 000 Farben wahrnehmen kann. Eindeutig sind die Bezeichnungen für die Grundfarben des RGB- bzw. CMYK-Farbraums. Verbreitet sind auf bekannte Dinge bezogene Bezeichnungen wie „Pechschwarz", „Himmelblau", „Rehbraun", „Zitrusgelb", „Moosgrün", „Minze", ...

A 1.4 Mische die folgenden RGB-Farben: (0, 64, 64) und (255, 255, 128)! Welche Farbe erhältst du?
Probiere weitere Farbwerte und Farbmischungen aus und benenne die erhaltenen Farben!

Computergrafik ist eine informatische Disziplin, die sich mit der Erfassung, Speicherung, Verarbeitung und Ausgabe grafischer Darstellungen befasst. Hierzu werden benötigt:
- Eingabegeräte wie Scanner, Maus, Tastatur, Grafiktablett, Touchscreen und Lichtstift zur Mustererkennung und Bildanalyse
- Software (Grafikprogramm) und Hardware (Grafikkarte) zur Verarbeitung der Grafikdaten
- Ausgabegeräte wie Bildschirm, Plotter und Drucker

Ein **Grafiktablett (Digitalisierungstablett)** ist eine meist auf magnetischer Basis arbeitende Tafel, auf der mittels eines Stifts freihändig gezeichnet werden kann. Das Tablett ist über eine spezielle Steckkarte mit dem Computer verbunden.

Zur Beschreibung von Grafik auf elektronischer Basis sind zwei unterschiedliche Philosophien vorstellbar:

Erstens: Jeder einzelne Bildpunkt (Pixel) auf dem Monitor (oder auf einem ausgedruckten Blatt Papier) ist durch seine horizontale und vertikale Lage eindeutig festgelegt. Übliche Bildschirmauflösungen sind heute 800 × 600 oder 1024 × 768. Im Druck sind 100 dpi bis 2400 dpi möglich. Jeder Punkt wird nun durch seine Farbe (einschließlich Graustufen) beschrieben und die Computergrafik als Gesamtheit der farbigen Punkte. Eine solche Grafik heißt Pixelgrafik, die Software, mit der eine solche Grafik erzeugt und bearbeitet wird, **Malprogramm.**

Die Maßeinheit **dpi** steht für „**d**ots **p**er **i**nch" und bedeutet „Punkte pro Zoll". Manchmal wird hierfür auch die Abkürzung **ppi** (**p**ixel **p**er **i**nch) verwendet.
Weitere übliche Maßeinheiten für das Auflösungsvermögen von Ausgabegeräten sind **Punkt** (pt) und **Pica:**

$1\text{ pt} = \frac{1}{72}\text{ Zoll} = 0{,}0351\text{ cm (USA)}$

$1\text{ Pica} = \frac{1}{6}\text{ Zoll} = 0{,}423\text{ cm}$

Eine **Pixelgrafik (Bitmap, Punktgrafik, Rastergrafik)** setzt sich aus einzelnen Bildpunkten **(Pixeln)** zusammen, für die die Position und die Werte der Grundfarben gespeichert sind.

Zweitens: Die Grafik wird als Zusammensetzung einzelner Objekte (Strecken, Polygone, Ellipsen, ...) betrachtet. Diese Objekte werden mathematisch beschrieben. Beispielsweise ist die Lage eines Rechtecks durch einen Eckpunkt und durch die beiden Vektoren, die von diesem Punkt auf die benachbarten Ecken weisen, eindeutig bestimmt. Weist man nun noch dem Rand und der Fläche des Rechtecks bestimmte Farbwerte zu und tut das Gleiche für alle anderen Objekte der Grafik, spricht man von Vektorgrafik. Die Software heißt **Zeichenprogramm (CAD-Programm).**

Vektoren dienen zur Angabe der Koordinaten von Punkten im Raum oder auf einer Ebene, die durch drei bzw. zwei Zahlenwerte eindeutig beschrieben sind. Man kann einen solchen Punkt auch als Spitze eines Pfeils ansehen, der vom Ursprung des Koordinatensystems bis zu dem Punkt reicht. Der Pfeil heißt **Vektor** und besitzt eine bestimmte Länge und eine Richtung.

Eine **Vektorgrafik** setzt sich aus geometrischen Objekten zusammen, die durch Randlinien (Linientyp, Linienbreite und Linienfarbe) und Flächen (Farbe) eindeutig beschrieben sind.

CAD steht für **c**omputer-**a**ided **d**esign (computerunterstütztes Entwerfen).

Es ist klar, dass Pixelgrafiken mehr Speicherplatz benötigen als Vektorgrafiken; bei Pixelbildern muss für jeden Bildpunkt der Farbwert gespeichert werden.

Eine Farbtiefe von 24 Bit heißt, dass 2^{24} Farben gespeichert werden können. Das ist genau der RGB-Farbraum (↗ S. 9).

Ein Beispiel: Mit einem Malprogramm werde ein Bild, das 1300 Pixel breit und 945 Pixel hoch ist, als 24-Bit-Bitmap gespeichert. 8 Bit sind 1 Byte, 24 Bit also 3 Byte. Für jeden Bildpunkt werden somit 3 Byte Speicherplatz benötigt. Für die Größe der Grafik ergibt sich:

$$1300 \times 945 \times 3 \text{ Byte} = 3\,685\,500 \text{ Byte} \approx 3{,}51 \text{ MByte}.$$

Bei Vektorgrafiken wird nur die Lage und Farbe bestimmter ausgezeichneter Punkte gespeichert. Damit können Linien und Flächen beschrieben werden, die erst bei der Bilddarstellung (im Druck oder am Bildschirm) berechnet und ausgegeben werden.

1 BLUME.WMF

A 1.5 Die Rose aus Bild 1 stellt *Microsoft Office* als Clipart zur Verfügung. Diese 2184 × 3161 Pixel große Vektorgrafik (ca. 18,5 cm × 26,8 cm bei einer Auflösung von 300 dpi) im WMF-Format benötigt einen Speicherplatz von 8 KByte.
Wie groß ist die gleiche Grafik (verkleinert) als 200 × 300-Pixel-Bild (5,3 cm × 7,9 cm bei einer Auflösung von 96 dpi) im RGB-Farbraum?

Um bei Pixelgrafiken eine erträgliche Speichergröße zu erreichen, könntest du sie verkleinern. Dabei gehen aber Informationen verloren. Ein Pixel kann nicht halbiert werden, es kann nur wegfallen oder für ein anderes stehen bleiben.

Wie das aussieht, zeigt folgendes Beispiel:
Links siehst du die Rose aus Bild 1 als 4,5 cm breite Pixelgrafik mit einer Auflösung von 300 dpi (Druckqualität) und einem Speicherbedarf von 931 KByte im CMYK-Farbraum. In der Mitte erscheint die gleiche Grafik auf 1 cm Breite verkleinert – mit einem Speicherbedarf von nur noch 55 KByte. Rechts siehst du diese verkleinerte Grafik wie mit einer Lupe betrachtet.

Im rechten Bild sind deutlich die einzelnen Pixel sichtbar. Man spricht vom sogenannten **Treppeneffekt.**
Dieser Effekt tritt nicht nur auf, wenn eine Pixelgrafik unter der Lupe betrachtet wird, sondern auch dann, wenn die Grafik selbst oder ein Teil von ihr vergrößert **(skaliert)** wird.

A 1.6 Erkläre, warum es keinen Informationsverlust beim Vergrößern oder Verkleinern von Vektorgrafiken gibt!

Fassen wir zusammen:

Pixelgrafik	Vektorgrafik
– hoher Speicherbedarf – verlustbehaftete Skalierung	– geringer Speicherbedarf – verlustfreie Skalierung
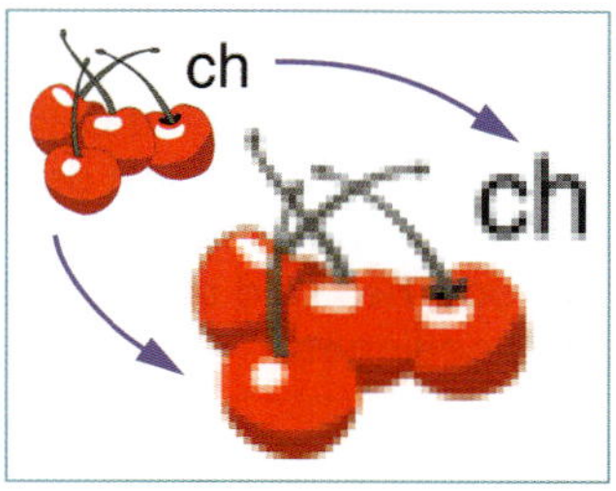	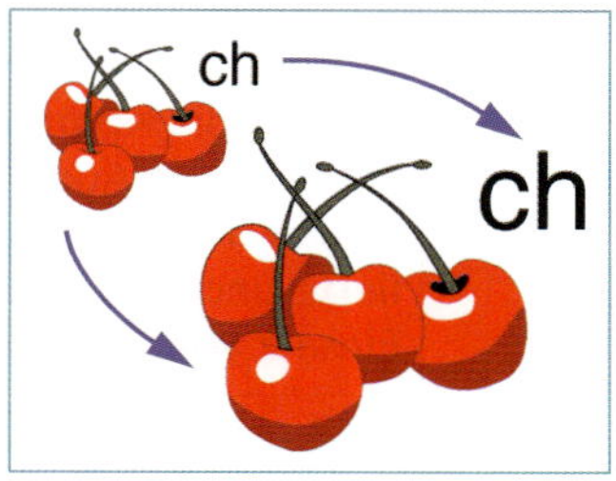
– besonders geeignet für alle künstlerischen Darstellungen (Malerei: „Pinselzeichnungen") und Fotos	– besonders geeignet für Konstruktions-Zeichnungen (CAD-Programme) und großflächige Grafiken (z.B. Cartoons)

Die **Computergrafik** lässt sich auch hinsichtlich ihrer Wahrnehmung in **zweidimensionale Computergrafik und dreidimensionale Computergrafik (3D-Grafik)** unterscheiden. Schon einfache Standardsoftware besitzt Werkzeuge zur Erzeugung von **3D-Objekten** wie Perspektiven, Konturen oder Schlagschatten.

Im Folgenden sind wichtige Grafikformate kurz zusammengestellt und erläutert. Zuerst einige **Pixelgrafikformate:**

Format	Bedeutung / Beschreibung
BMP	Windows **Bitmap** ist der Quasi-Standard für Windows-Programme. Unter diesem Format können unkomprimiert Schwarzweißbilder und Farbbilder bis zu 24 Bit Farbtiefe (16 777 216 Farben) gespeichert werden.
PCX	Der Klassiker der Pixel-Formate (256 Farben) für PC wurde zur effizienten Speicherung von Bildschirmgrafiken entwickelt.
TIF, TIFF	**T**agged **I**mage **F**ile **F**ormat dient zum Dateiaustausch zwischen Anwendungen und Computer-Plattformen. Das TIFF-Format unterstützt die Farbmodelle RGB, CMYK und Graustufen. Es unterstützt auch LZW-Komprimierung, eine verlustfreie („lossless") Komprimierungsmethode.
PIC, PICT	Macintosh **Pict**ure ist der Quasi-Standard der Macintosh-Plattform. Das Besondere an diesem Format ist, dass es sowohl Vektor, als auch Pixelgrafik enthalten kann.

Man unterscheidet zwischen **unkomprimierten** und **komprimierten Formaten.** Bei den unkomprimierten Formaten wird jeder einzelne Bildpunkt mit seinen Farbwerten gespeichert.
Komprimierte Formate sind weniger speicherintensiv.
Zur Kompression werden Algorithmen genutzt. **Kompressionsalgorithmen** sind Algorithmen, die die in Bytes gemessene Größe einer Datei ohne großen Informationsverlust reduzieren, indem sie Teile der Datei, die wenig, gar keine oder immer die gleiche Information enthalten, entfernen.

ISO ist die Abkürzung für „International Organization for Standardization", einer Dachorganisation von mehr als 50 Normenausschüssen mit Sitz in Genf.

Speicherst du mit GIF Formeln „transparent" ab, wird auf einer farbigen Seite der weiße Formelhintergrund nicht dargestellt.

Für Bilder, die nur eine begrenzte Anzahl von Farben enthalten können (z.B. 256 Farben), kannst du oft **indizierte Farben** verwenden: Ein bestimmter Grundbestand an Farben ist vorhanden, weitere kannst du selbst definieren (z.B. zu einem Naturbild viele unterschiedliche Grüntöne). Das heißt auch, dass jedes Bild mit einer anderen Farbpalette gespeichert werden kann. Oft wird die Farbtiefe einer Pixelgrafik künstlich auf 256 oder weniger Farben verringert, um vom geringeren Speicheraufwand der indizierten Farben zu profitieren.

Format	Bedeutung / Beschreibung
JPG, JPEG	JPEG steht für **J**oint **P**hotographic **E**xpert **G**roup und ist benannt nach einer Arbeitsgruppe der ISO, die diesen Kompressionsstandard entwickelt hat. Die Kompression erfolgt *nicht* verlustfrei. Der Informationsverlust fällt allerdings bei Fotografien kaum auf, weil das Kompressionsverfahren die mangelnde Fähigkeit des menschlichen Auges ausnutzt, geringe Farbunterschiede wahrzunehmen. Trotz der Farbtiefe von 24 Bit beträgt die Kompressionsrate bei Farbbildern zwischen 10 : 1 und 20 : 1 ohne sichtbaren Qualitätsverlust. Bei Schwarzweißbildern mit Graustufen beträgt die Kompressionsrate nur 5 : 1, weil das menschliche Auge Helligkeitsunterschiede viel deutlicher wahrnehmen kann als Farbunterschiede. Detaillierte und farbenreiche Fotografien sind also für den Einsatz von JPEG besonders geeignet.
GIF	GIF heißt **G**raphics **I**nterchange **F**ormat und ist ein Standard im Internet (GIF89a). Obwohl GIF-Bilder nur maximal 256 Farben (8-Bit-Farbtiefe) enthalten können, haben sie den Vorteil, dass eine bestimmte Farbe als transparent definiert werden kann: Der Hintergrund verschwindet und das Bild „schwebt" über der Web-Seite. Die Kompression ist verlustfrei. Lediglich identische Bildinformationen werden nicht mehrfach gespeichert. In diesem Format sollten großflächige Grafiken, Zeichnungen, Cartoons und Bilder mit viel Schrift gespeichert werden.
PNG	**P**ortable **N**etwork **G**raphics ist eine Alternative zum GIF-Format. Bei PNG werden alle in einem Bild enthaltenen Farbinformationen beibehalten und es wird eine verlustfreie Komprimierung zur Verringerung der Dateigröße verwendet. Beim Speichern eines Bildes im PNG-Format kann angegeben werden, dass beim Herunterladen aus dem WWW immer mehr Bilddetails dargestellt werden sollen (beim Speichern „Adam7" für „Interlace" wählen).
PSD	Das ist das Format des Malprogramms Adobe **Photo**-**s**hop. Das Format ist sehr speicherintensiv, weil hier mehrere Ebenen übereinandergelegt und gesondert mit Bildern belegt und bearbeitet werden können. Das Format eignet sich daher besonders für die Bearbeitung von Fotografien und Bildmanipulationen.

Und nun einige wichtige **Vektorgrafikformate:**

Format	Bedeutung / Beschreibung
AI	Format des Zeichenprogramms **A**dobe **I**llustrator
CDR	Format des Zeichenprogramms **C**orel **D**raw
CGM	**C**omputer **G**raphics **M**etafile ist ein genormtes Grafikformat zum Datenaustausch. Es dient hauptsächlich zum Austausch von komplexen Illustrationen und Architekturbildern. Für Bildmaterial mit viel Text ist CGM nicht unbedingt geeignet.
EPS	EPS steht für **E**ncapsulated **P**ost**S**cript. Das heißt so viel wie PostScript(-Datei) mit „eingerolltem" Pixelbild (TIFF, PICT). Das EPS-Format wird zur Übertragung von PostScript-Bildmaterial zwischen Programmen verwendet und von den meisten Grafik- und Layoutprogrammen unterstützt.
WMF	WMF heißt **W**indows **M**eta**f**ile und ist ein Austauschformat für 16-Bit-Windows-Anwendungen. Es wird von fast allen Windows-Zeichenprogrammen und -Layoutprogrammen unterstützt. Es bietet nur eine begrenzte Unterstützung für Vektorgrafiken.
DWG, DXF	DWG (AutoCAD Drawing) ist das Standard-Dateiformat zum Speichern von in AutoCAD erstellten Vektorgrafiken. DXF (AutoCAD Interchange File) ist ein Austauschformat dieses CAD-Programms mit anderen Anwendungen.

Vektorgrafiken unterstützen meist sowohl den CMYK- als auch den RGB-Farbraum.

Insbesondere zur Präsentation im Internet müssen Vektorgrafiken nach GIF, PNG oder JPG **konvertiert,** also in Pixelgrafiken umgewandelt werden. Dies ist mit gewissen Nachteilen verbunden: Zwar ist die Kompression beim Dateiformat GIF verlustfrei, aber sobald nur die kleinste Skalierung (Vergrößerung oder Verkleinerung) stattfindet, tritt der Treppeneffekt (einzelne Pixel werden sichtbar) besonders deutlich hervor. Schrift wird hierdurch meist unleserlich.

Komprimierte Grafiken wie solche im GIF-Format solltest du niemals skalieren. Am besten, du hebst dir für die Bearbeitung die Grafik in dem Format auf, in dem sie ursprünglich erstellt wurde (z. B. AI-Format).

A

1.7 Welche Art von Grafikprogrammen – Zeichen- oder Malprogramme – wirst du wohl jeweils nutzen?
In welchen Formaten sollten die Grafiken gespeichert werden? Begründe!

a) technische Zeichnung eines Werkstücks
b) zur Versendung via Internet bearbeitetes Foto
c) eigene Illustration auf einer Einladung

PIXEL
Position Farbwert
SetzeFarbe()

1 Klassenkarte für PIXEL

Pixelgrafiken und Malprogramme:

Du weißt, es gibt in Pixelgrafiken eigentlich nur einen einzigen Objekttyp (eine Klasse): das Pixel.

Objekte der **Klasse PIXEL** werden durch genau zwei Attribute bestimmt:

- durch ihre Position (Lage innerhalb des Gesamtrasters der Grafik) und
- durch ihren Farbwert (angegeben in RGB, CMYK oder Graustufen).

Es scheint daher auf den ersten Blick nicht allzu viele Methoden zur Manipulation von Pixelgrafiken zu geben.
Das täuscht, denn zum einen können in Malprogrammen – wie in Zeichenprogrammen – bestimmte geometrische Objekte erzeugt werden (die allerdings nach dem Zeichnen mit der Hintergrundebene verschmelzen und ihren Objektstatus aufgeben), zum anderen können Bereiche von Pixeln zusammengefasst und gemeinsam in Farbe und Form verändert werden.

Zu den **Malprogrammen** zählen *Microsoft Picture It, Paint Shop Pro, Windows Paint* oder das für professionelle Zwecke entwickelte Programm *Adobe Photoshop.*

Die Oberfläche der unzähligen Malprogramme ist aufgebaut wie die anderer WYSIWYG-Anwendungsprogramme: Symbole zur Mausbedienung, Pull-Down-Menüs wie „Datei", „Bearbeiten" usw. sowie eine Arbeitsfläche. Das Besondere ist eine horizontale oder vertikale Werkzeugleiste:

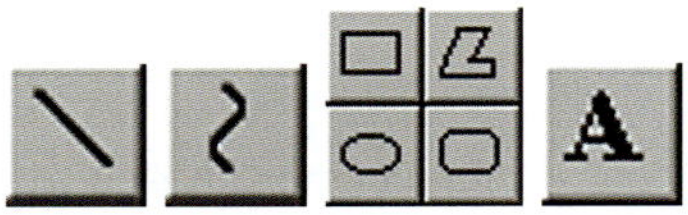

2 Objekte in *Paint*

Eine Auswahl kann kopiert, verschoben oder gelöscht werden. Der ausgewählte Bereich kann aber auch farblich verändert, gespiegelt, gedreht, verzerrt oder skaliert werden.

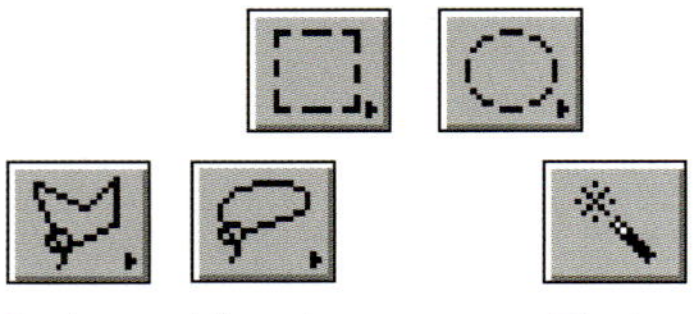

3 Auswahlwerkzeuge von *Photoshop*

	Werkzeug
Objekte	– Strecke: Farbe und Linienstärke können festgelegt werden. – Kurven: Farbe und Linienstärke können festgelegt werden. – Flächen: unterschiedliche Farbe für Rand und Fläche möglich – Schrift: Farbe, Schriftart, Schriftgröße und Schriftstil können ausgewählt werden.
Auswahl	– Formgebunden: Meist steht ein Rechteck zum Markieren eines entsprechenden Bereiches zur Verfügung. Es sind aber auch andere Formen möglich. – Formfrei **(Lasso):** Die Form kann der Nutzer selbst festlegen. Dies kann ein Polygon, aber auch eine gekrümmte Fläche sein. – **Zauberstab:** Es werden nebeneinanderliegende Pixel ausgewählt, die eine ähnliche Farbe (mit einem vorher vom Nutzer festgelegten Farbbereich) haben. Er eignet sich also zum Auswählen unregelmäßig geformter, aber gleichmäßig gefärbter Bildteile, ohne dass man die Kontur mit dem Lasso nachzeichnen muss.

	Werkzeug
Frei-hand-zeich-nen	– Der **Pinsel** malt dicke Linien, deren Farbe und Form eingestellt werden kann. – Der **Stift** malt dünne Linien mit eingestellter Farbe. – Der **Sprayer (Airbrush)** funktioniert wie eine reale Farbspraydose: Je langsamer er bewegt wird, umso dichter liegen die aufgetragenen Farbpigmente. – Mit der **Pipette** wird eine Bildfarbe ausgewählt. – Der **Farbfüller** gießt eine ausgewählte Farbe in ein Feld, welches lückenlos von einer anderen Farbe umschlossen wird. – Der **Radierer** entfernt Bildteile bis zur Hintergrundfarbe. Die Stärke kann eingestellt werden.

1 Werkzeuge von *Paint*

Mit diesen in fast allen Malprogrammen zu findenden Werkzeugen kannst du Pixelgrafiken effektiv bearbeiten.

Ein Beispiel:
Du möchtest aus einer gescannten Farbfotografie die automatisch eingefügten Ziffern vollständig entfernen.
Hierzu wird die Bildansicht gezoomt (vergrößert), mit der Pipette eine Farbe der Ziffernumgebung ausgewählt (erst auf Pipette, dann auf Grafik klicken) und mit dem Farbfüller die Ziffernfläche der Umgebung angepasst (erst auf Farbfüller, dann auf Ziffernfläche klicken). Fehler können mit dem Menü „Bearbeiten“ → „Widerrufen“ behoben werden.

2 Entfernen von Schrift

Zusätzlich zu den Werkzeugen stehen eine ganze Reihe von Manipulationen für das ganze Bild oder ausgewählte Bereiche zur Verfügung, die auf mathematischen Berechnungen beruhen. Der Bereich wird als Objekt betrachtet, dem neue Attribute zugewiesen werden. Du findest diese Methoden in Menüs wie „Bearbeiten“, „Bild“ oder „Filter“.

	Bereichsmanipulation
Bewe-gun-gen	– Skalieren – Verschieben – Spiegeln – Drehen – Verzerren
Farb-mani-pulati-onen	– Helligkeit/Kontrast ändern – selektive Farbkorrektur – Invertieren (Farbe umkehren, ↗ Bild 3) – Entfärben (zu einem Schwarz-Weiß-Bild); ...

3 Farbumkehrung

	Bereichsmanipulation
Filter	– Scharfzeichner – Weichzeichner – Konturen finden (als Vorstufe zur Vektorisierung) – Strukturierungsfilter wie Kacheln oder Mosaik – Verzerrungsfilter – Beleuchtungseffekte – Kunstfilter (es werden Malstile wie Aquarell nachempfunden), ...

Ein Beispiel für solche Bereichsmanipulationen:

Das Originalbild eines Zwerghamsters (a) wurde unter *Adobe Photoshop* farblich zu Blau hin verändert (b), mit einem Verzerrungsfilter (Strudel) manipuliert (c) bzw. mit Beleuchtungseffekten versehen (d).

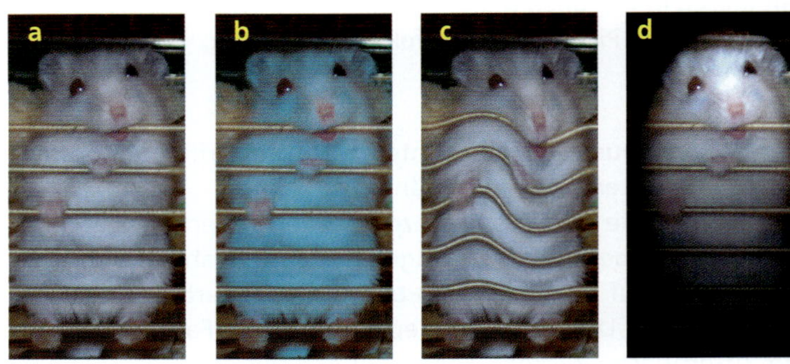

A 1.8 Wähle ein dir zur Verfügung stehendes Malprogramm! In welchen Formaten kannst du unter diesem Programm Bilder speichern? Welche dieser Formate sind für das Internet geeignet?

N 1.9 Gestalte mit deinem Zeichenprogramm einen Farbkreis – ähnlich dem auf Seite 8 –, allerdings nicht mit 12 Farbsektoren, sondern mit 16 oder 24!

N 1.10 Erstelle den Farbkreis aus Aufgabe N1.9 noch einmal, diesmal allerdings mit einem Malprogramm! Vergleiche die Arbeit mit den verschiedenen Grafikprogrammen! Nenne insbesondere die Methoden, die du jeweils genutzt hast, und diskutiere die Nutzbarkeit für ähnliche Grafiken!

Vektorgrafiken und Zeichenprogramme:

Entsprechend der Philosophie von Zeichenprogrammen steht meist eine reichhaltige Auswahl unterschiedlicher Objekte zur Verfügung, die ausgeschnitten, kopiert, verschoben, gepiegelt, gedreht, skaliert, angeordnet, ausgerichtet ... werden können.

In der folgenden Tabelle sind die gebräuchlichsten Objekttypen und ihre Attribute zusammengestellt. Für alle Objekte gelten die Methoden, die oben genannt sind (Ausschneiden, Kopieren, Verschieben, ...).

Klasse	Attribute für die Objekte der Klasse
Strecke, Streckenzug	– Position (Lage auf dem Zeichenblatt, z. B. Anfangspunkt und Endpunkt) – Größe (Länge, kann auch durch Anfangs- und Endpunkt festgelegt sein) – Linienstärke – Stil des Streckenendes (z. B. Pfeil) – Streckenfarbe – Streckenart (z. B. gestrichelt)
Bézierkurve (↗ Bild 2)	– Position (Lage auf dem Zeichenblatt) – Größe (Länge und Breite) – Linienstärke und -farbe – Streckenart – Lage von Anker- und Endpunkten – Griffpunkte der Tangenten an die Kurve
Polygon (Vieleck)	– Position (Lage auf dem Zeichenblatt) – Größe – Randfarbe – Randstärke – Flächenfarbe – Eckenzahl
Rechteck	– Position – Breite – Höhe – Randfarbe – Randstärke – Flächenfarbe
Ellipse	– Position – Größe (Breite, Höhe) – Randfarbe, Randstärke – Flächenfarbe
Textfeld	– Position – Schriftgröße – Schriftfarbe – Schriftart, Schriftstil

Kreis1: Kreis

Mittelpunkt = (4 cm; 6 cm)
Radius = 67 mm
Randfarbe = schwarz
Randstärke = 2 pt
Flächenfarbe = hellgelb

Skalieren (50 %)
Verschieben (3 cm nach oben)
...

1 Objektkarte für einen Kreis

Willst du waagerechte oder senkrechte Strecken oder Strecken im Winkel von 45 ° zeichnen, hilft das Festhalten der <Shift>-Taste beim Ziehen mit der Maus.

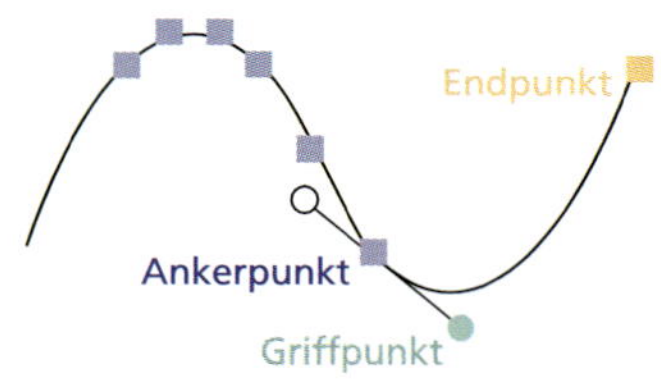

2 Bézierkurve

Sonderformen von Rechteck und Ellipse sind Quadrat bzw. Kreis. Um sie zu erzeugen, musst du beim Zeichnen die <Shift>-Taste gedrückt halten.
Für den Kreis kannst du die Attribute Position und Größe modifizieren (↗ Bild 1). Es kommt dabei ganz auf die Möglichkeiten des von dir genutzten Zeichenprogramms an.

Strecken besitzen keine Füllfläche, das Attribut „Füllfarbe" ist daher eigentlich nicht notwendig. Es schadet aber auch nichts, wenn Strecken es besitzen. Die Attributwerte werden nur nicht angezeigt.

Du wirst bemerkt haben, dass Attribute wie Position, Größe, Linienstärke und -farbe sowie Flächenfarbe bei allen Grafikobjekten vorhanden sind. Im folgenden Klassendiagramm soll der Pfeil verdeutlichen, dass diese Attribute von GRAFIKOBJEKT an ELLIPSE, RECHTECK und STRECKE **„vererbt"** werden. Der nicht ausgefüllte Pfeil zeigt von der Unterklasse zur Oberklasse.

Unterscheidungsmerkmal **(Diskriminator)** könnte hier „Eckenzahl" oder „Stützpixel" sein, Strecken haben demnach neue Attribute wie „Anfangspunkt" und „Endpunkt".

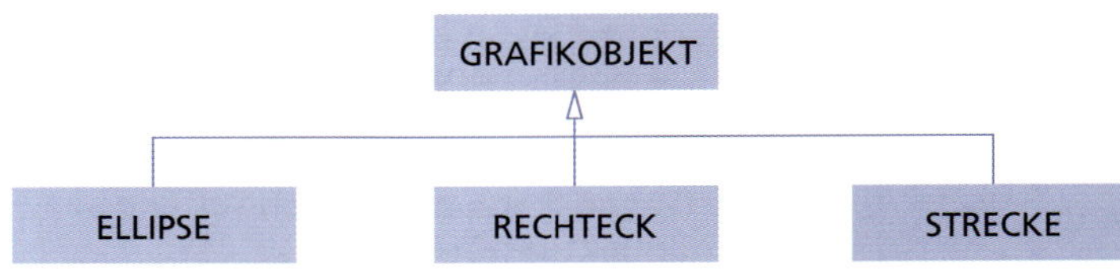

A 1.11 Ergänze das obige Klassendiagramm durch die Klassen QUADRAT, BÉZIERKURVE, POLYGON und KREIS!

Fast alle Office-Pakete besitzen als Tool ein Zeichenprogramm – entweder in Anwendungen wie Textverarbeitung integriert (z. B. bei *Microsoft Office)* oder als gesondertes Programm (z. B. *StarDraw* unter *StarOffice).*
Für professionelle Zwecke gibt es Programme wie *Adobe Illustrator, Macromedia Freehand, Corel Draw* oder *Xara X.*

A 1.12 Erkunde, welche Objektklassen mit welchen speziellen Attributen in dem von dir genutzten Grafikprogramm zur Verfügung stehen! Lege dazu eine Tabelle wie die auf Seite 19 an und spezifiziere die Tabelle entsprechend!

Bevor Objekte manipuliert werden können, müssen sie markiert werden. Hierzu reicht meist ein einfacher Klick auf das Objekt. Die Markierung erkennst du an den sichtbar werdenden **Anfassern.** Sollen mehrere Objekte gleichzeitig bearbeitet werden, wird die Markierung mit gedrückter <Shift>-Taste vorgenommen. Grundlegende Methoden sind hier wieder Kopieren, Verschieben, Löschen und Einfügen. Es gibt aber **Manipulationen:**

Farbfüllung	– **Farbfüllung:** Fläche und Rand eines Objekts können mit unterschiedlichen Farben belegt werden. – **Farbverlauf:** Der allmähliche Übergang zwischen zwei oder mehr Farben oder Tonwerten derselben Farbe kann erstellt werden. – **Füllmuster:** Geometrische Muster können gezeichnet und in die Farbfelderpalette aufgenommen werden.

Anordnung und Ausrichtung	Objekte liegen in unterschiedlichen Ebenen, die zuletzt erstellten Objekte liegen vorn (obenauf). Diese Anordnung kann verändert werden. Objekte können auch horizontal und vertikal an ihren Rändern ausgerichtet oder gleichmäßig verteilt werden.
Gruppierung	Verschiedene Objekte werden zu einem Objekt zusammengefasst und gemeinsam bearbeitet. Die Gruppierung kann wieder aufgelöst werden.
Bewegungen	Es gibt Transformationswerkzeuge zum Verschieben, Drehen, Verändern der Höhe und der Breite sowie Verzerren von Objekten.

Folgendes Beispiel soll die Möglichkeiten, die Zeichenprogramme bieten, verdeutlichen:
Unter dem (nicht professionellen Zeichentool) des DTP-Programms *Adobe FrameMaker* wurde hier ein Kreis gezeichnet (a), dieses Objekt zu einem regelmäßigen Fünfeck (b) manipuliert (Menü „Grafik" → „Seitenanzahl..."), vertikal gespiegelt (c) und dann der untere Eckpunkt verschoben (d). Die Anfasser sind jeweils als schwarze Quadrate dargestellt.

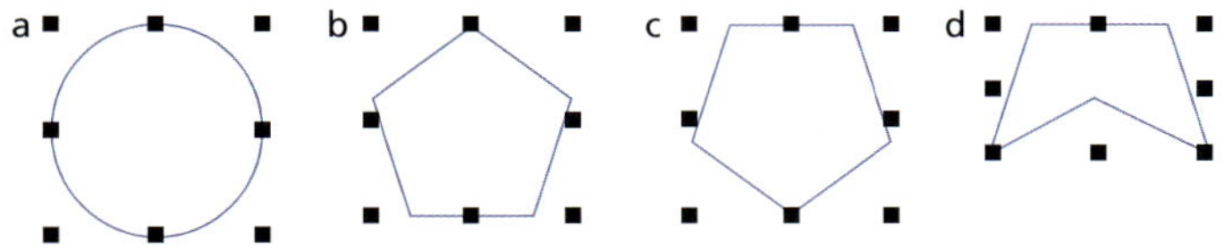

A 1.13 Ein Hersteller von Wandfarben möchte einen Prospekt mit einem Auswahlangebot versenden.
Erstelle einen solchen Prospekt! Deiner Fantasie sind keine Grenzen gesetzt. Es sollen mindestens 20 Farben angeboten werden, die du selbst als Wandfarben vorschlägst und mit einem aussagekräftigen Namen versiehst!

A 1.14 Jeder hat seine Lieblingsfarbe. Es gibt auch alters- und geschlechtsspezifische Unterschiede. So lieben insbesondere Frauen die Farbe Blau, Männer die Farbe Grün.
Gestaltet eine Umfrage in eurer Profilgruppe zu den beliebtesten und unbeliebtesten Farben!
Erarbeitet anschließend Grafiken, z. B. Farbtafeln, in denen das Ergebnis der Umfrage dargestellt wird!

1.3 Die Welt in Tönen – Audio

Der **Medientyp Audio** (audio: ich höre) beschreibt die Informationsvermittlung durch Töne.

Er bezieht sich auf die mit dem menschlichen Ohr wahrnehmbaren Schallwellen im Frequenzbereich von etwa 20Hz bis 20kHz. Grundsätzlich werden drei Datenarten unterschieden:

- gesprochener Text,
- Musik,
- Geräusche.

Schallwellen sind Druckveränderungen, letztendlich also Druckschwankungen in einem Medium (z.B. der Luft), die durch das Ohr aufgenommen und mittels Gehörnerv an das Gehirn zur Verarbeitung weitergeleitet werden. Unser Gehirn interpretiert im Wesentlichen nur zwei Merkmale des so wahrgenommenen Audiosignals – die Höhe des Tons, also seine Frequenz, und seine Lautstärke.

Beispiel für Lautstärken von Tönen in dB (Dezibel):

Hörschwelle	0 dB
Normales Atmen	10 dB
Blätterrascheln	15 dB
Flüstern	30 dB
Normales Gespräch	60 dB
Schreien	80 dB
Rockkonzert	120 dB
Start eines Jets	135 dB
Raketenstart	180 dB

Eine Gefährdung des Gehörs besteht ab einer Lautstärke von etwa 80–90 dB. Die **Schmerzgrenze** liegt bei etwa 130 dB. Ab dieser Lautstärke können auch dauernde Hörschädigungen auftreten.

Lautstärken werden gern in der Einheit dB angegeben. Dabei liegt diesem Maß eine logarithmische Einteilung zugrunde. Dies liegt daran, dass unser Gehör eine Lautstärke als doppelt so stark empfindet, wenn sich nicht der absolute, sondern der logarithmische Wert für die Pegeländerung verdoppelt.

Im technischen Bereich wird dieser Umstand genutzt. In Verstärkern werden für die **Lautstärkeregelung** logarithmisch arbeitende Systeme eingesetzt. Dreht oder schiebt man den Lautstärkeregler um den gleichen Weg weiter, verdoppelt sich die empfundene Lautstärke.

A

1.15 Das menschliche Gespräch wird in einem Frequenzbereich von etwa 400 Hz bis 3 000 Hz geführt. Informiere dich darüber, in welchem Frequenzbereich andere akustische Phänomene liegen, wie beispielsweise das Meeresrauschen, das Blätterrascheln oder das Bellen eines Hundes!
Finde Beispiele für Geräusche bzw. Töne, die außerhalb des menschlichen Wahrnehmungsbereiches liegen!

Um Audioelemente mithilfe von Computern speichern, verarbeiten und darstellen zu können, ist eine Umwandlung der kontinuierlichen Schallwellen in eine diskrete und letztendlich digitale Darstellung notwendig. Wesentlich in diesem Prozess ist das Sampling. Die Transformation eines analogen Signals in eine digitale Darstellung wird als **Computersample** bezeichnet.

Beim **Sampling** werden in periodischen Abständen analoge Signale (Momentaufnahmen) entnommen und mithilfe eines Analog-/Digitalwandlers in ein digitales, für den Computer verarbeitbares Format umgewandelt. Zwei Größen beeinflussen die Qualität dieses Verfahrens wesentlich; die **Abtastfrequenz** (Samplingfrequenz) gibt die Anzahl der Momentaufnahmen des analogen Signals pro Sekunde an und die **Abtastgenauigkeit,** mit der die Signale erfasst werden.

Für die Speicherung von **Audiodaten** ist relativ viel Speicherplatz erforderlich, insbesondere dann, wenn unkomprimierte Formate genutzt werden. Auswahl unkomprimierter Formate:

AIFF	*.aif	Apple Interchance File Format
Wave	*.wav	Windows
IRCAM	*.snd	Institut de Recherche et Coordination Acoustique/Musique
AU	*.au	Sun Audio

Beachte:
Wird ein digitales Abbild eines analogen Audiosignals rekonstruiert, stellt es immer nur eine Näherung des Originals dar.

Kompressionsalgorithmen sind Algorithmen, die die in Bytes gemessene Größe einer Datei reduzieren. Somit wird weniger Platz zum Speichern dieser Datei notwendig. Auch ist eine schnellere Übermittlung dieser Datei möglich.
Unterschieden werden verlustfreie (z.B. bei Texten oder numerischen Datendateien) und verlustbehaftete (z.B. bei Audio und Video) Datenkomprimierung.

Um Speicherplatz zu sparen, erfolgt eine digitale Speicherung von Audiodaten oftmals komprimiert. Eine solche **Datenkompression** ist im Allgemeinen mit Informationsverlust verbunden. Für Kompressionsalgorithmen ist typisch, dass eine Veränderung der zu speichernden Daten erfolgt. So werden z.B. sehr hohe oder tiefe Töne (Frequenzbereiche) oder leise Töne unmittelbar nach sehr lauten Tönen weggelassen bzw. entfernt. Jedoch werden diese Veränderungen in einem Maße vorgenommen, dass sie subjektiv nicht wahrnehmbar sind.

Eines der bekanntesten verlustbehafteten Audiokompressionen ist das **MP3-Dateiformat** (MPEG Audio Layers 3). Dieses Kompressionsverfahren arbeitet nach psychoakustischen Kriterien, d.h., es werden Informationen weggelassen, die das (ungeübte) Gehör ohnehin nicht wahrnehmen kann. Ziel dieses Audiostandards ist es, eine weitgehende Datenkompression ohne hörbare Klangverschlechterung zu erreichen.

MP3 wurde seit 1987 am Fraunhofer-Institut für Integrierte Schaltungen in Erlangen (IIS) entwickelt.
MP3 ist die Abkürzung für **Mo**ving **P**icture Expert Group Audio Layer **3** („Ebene 3 des Audiostandards der Expertengruppe für bewegte Bilder"; ↗ Abschnitt 1.4)

Anwendung findet das MP3-Format vor allem im Bereich der Musik. Durch dieses Format wird ein Musikstück auf etwa ein Zehntel der Dateigröße einer Aufnahme in CD-Qualität komprimiert. Während das Lied auf der CD etwa 30 bis 50 Megabyte groß ist, sind es als MP3-Datei dagegen nur drei bis fünf Megabyte.

A 1.16 Erstellt in eurer Profilgruppe eine (kleine) Audioaufnahme. Nutzt dazu das euch zur Verfügung stehende Datenformat mit der höchsten Qualität! Erzeugt anschließend weitere, digitale Versionen dieser Aufnahme. Nutzt dazu verschiedene Einstellungen zur Audioqualität! Vergleicht nun die verschiedenen Dateien bezüglich ihrer Dateigröße und ihrer wahrnehmbaren Qualität. Diskutiert die Ergebnisse!

1.4 Die Welt in Bewegung – Animation und Video

Nachdem du einen Überblick zu Grafik und Audio erhalten hast, sollen nun bewegte Bilder im Mittelpunkt stehen. Hinreichend schnell projizierte Einzelbilder werden durch den Menschen als Bewegung wahrgenommen. Verantwortlich dafür sind die psychophysikalischen Eigenschaften des menschlichen Sehens, wie z.B. die relativ langsame visuelle Wahrnehmung. Oftmals reichen dafür schon 16 bis 24 Bildwechsel pro Sekunde. Diese Eigenschaft kann bei der Erzeugung von Animationsfilmen, kurz Animationen, genutzt werden. Mit deren Hilfe werden optische Eindrücke verstärkt und die Anschaulichkeit wird erhöht.

Der **Medientyp Animation** (animare: zum Leben erwecken) beschreibt die Simulation von Bewegungen. Dazu werden Objekte dargestellt, die mit der Zeit variieren.

Es gibt verschiedene Arten, um eine Animation zu erzeugen. Oftmals werden dazu Bilder genutzt, die in mehrere Zellen (in ein Raster) eingeteilt sind. Jede Zelle enthält dabei einen Teil des Gesamtbildes. Nun wird schrittweise dieses Gesamtbild verändert, indem der Inhalt einer oder mehrerer Zellen ausgetauscht oder verschoben wird. Weitere Möglichkeiten zum Erzeugen von Animationen sind z.B. die Veränderung der Größe oder das Wechseln von Farben der dargestellten Objekte.

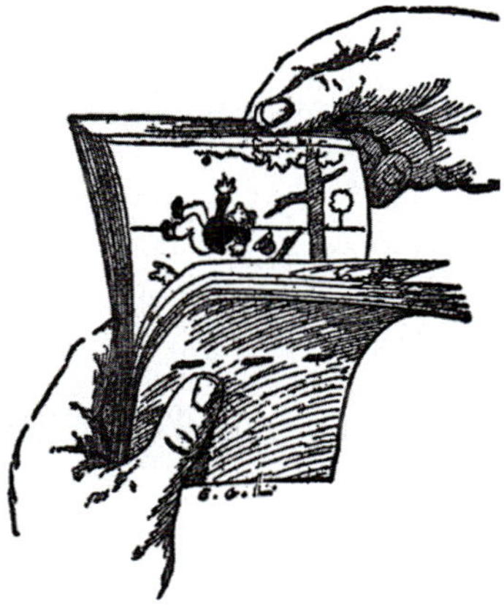

1 Zeitgenössische Darstellung eines „Daumenkinos" von 1886

A 1.17 Ein sogenanntes **„Daumenkino"** stellt ein einfaches Beispiel für eine Animation dar. Wähle dazu ein geeignetes Motiv, z.B. eine lodernde Flamme oder eine sich bewegende Wolke! Nutze mehrere gleich große Zettel! Diese erhältst du durch das fortlaufende Falten eines Blattes Papier, etwa bis Format A9. Gib anschließend auf jedem Blatt ein geeignetes Raster vor! Erstelle nun ein Bild und zeichne die darauf folgenden Bilder auf jeweils einen Zettel. Ändere von Bild zu Bild nur die Inhalte einzelner Raster. Teste nun dein Daumenkino!

Typische Anwendungen für Animationen sind z.B. die Visualisierung von Handlungsschritten und die Darstellungen von Bewegungsabläufen bis hin zu Zeichentrickfilmen.
Eine Abfolge von Bildern, insbesondere von Pixelgrafiken, bezeichnet ein Video. Während einem **analogen Video** ein kontinuierliches Signal zugrunde liegt, verwendet ein **digitales Video** diskrete numerische Werte.

Der **Medientyp Video** (video: ich sehe) beschreibt eine Folge fotorealistischer Bilder.

Der Prozess, ein analoges in ein digitales Video zu überführen, wird wie beim Medientyp Audio als **Sampling** bezeichnet. Dabei wird das analoge Signal zu bestimmten Zeitpunkten abgetastet und ein digitaler Repräsentant für jede Momentaufnahme (Frame) gespeichert.

Auf die Qualität eines Videos haben verschiedene Faktoren Einfluss. Wesentlich ist die Anzahl der Bilder pro Sekunde, die **Frame-Rate.** Üblich dafür sind Werte ab 25Hz. Aber auch die Größe eines dargestellten Frames, seine Auflösung, ist für die Qualität von Bedeutung. Für die Videodarstellung typisch sind die Bildformate 4:3 oder 16:9.

Aufgrund der Menge von Informationen, die für eine **Videosequenz** gespeichert werden müssen, ist viel Speicherplatz erforderlich. So wird für eine Sekunde eines Videos in der Größe 640 x 480 Pixel bei einer Frame-Rate von 25 Bildern pro Sekunde ein Speicherplatz von ca. 22 MB benötigt.

A **1.18** Berechne den Speicherplatz, der für eine Videosequenz von 15 Minuten (entspricht einem kurzen Lehrfilm) erforderlich ist, wenn du von den genannten Größen ausgehst! Informiere dich, wie lange die Übertragung dieses Videos im Internet dauern würde. Vergleiche dazu die Werte für eine Übertragung mittels ISDN und DSL (↗ S. 151)!

Es wird schnell deutlich, dass eine **Kompression** unerlässlich ist. Gebräuchliche Verfahren arbeiten asymmetrisch, d.h., die Kompression ist sehr zeitaufwendig, während die **Dekompression** deutlich schneller erfolgt. Das ist auch notwendig, um digitale Videosequenzen in guter Qualität, beispielsweise „ruckelfrei“, ansehen zu können.

Verbreitet sind **audiovisuelle Medien,** die Bilder, Animationen oder Videosignale mit einen bildsynchronen Klangablauf – wie Sprache, Geräusche oder Musik – zusammenfassen.

Eine **audiovisuelle Sequenz** ist die Kombination optischer und akustischer Elemente bzw. Signale.

i **MPEG – Moving Picture Experts Group**

Diese Gruppe von Experten wurde Ende der 1980er-Jahre gegründet, um Standards insbesondere für bewegte Bilder festzulegen. Infolge der Arbeit wurden **Komprimierungsformate** standardisiert, hier eine Auswahl:
MPEG-1 (1993) ... 320×240 Pixel, 30 Frames/sec, niedrige Qualität
MPEG-2 (1994/95) ... 720×480 bzw. 1280×720 Pixel, 60 Frames/sec, hohe Qualität
MPEG-4 ... Standard für Multimedia-Applikationen

Weitere Multimediaformate:

avi Audio Video Interleaved (Windows)
mov Dateiendung für Videos im QuickTime-Format (Apple)

1.5 Multimediadokumente

Multimediadokumente werden oft zur Unterstützung von Präsentationen genutzt.
Präsentieren heißt so viel wie „vorzeigen" oder „vorlegen". Einen anschaulichen Vortrag kann man also auch als **Präsentation** bezeichnen.

Im Profilunterricht sollst du im Rahmen eines Praktikums ein Multimediadokument erstellen. Inhaltlich sollst du dich dabei beispielsweise mit natürlichen und künstlichen Farbstoffen auseinandersetzen. Welche Informatiksysteme sind hierfür geeignet? Was ist zu tun?

Mit Informatiksystemen können Probleme nach folgenden Schritten gelöst werden (↗ auch Abschnitt 2.1, S. 54):

- Informationen der realen Welt werden als Daten abgebildet, d.h. so dargestellt, dass sie automatisch verarbeitet werden können.
- Diese Daten werden durch bestimmte Programme verarbeitet und transportiert.
- Die durch den Datenverarbeitungsprozess entstandene neue Repräsentation der Daten wird vom Menschen interpretiert, also in Information umgewandelt.

Für dich selbst sieht dieser **Problemlöseprozess** so aus:

1. Analyse (Ziel: Auswahl eines geeigneten Informatiksystems)
2. Modellierung (Herausarbeitung wesentlicher Objekte und ihrer Beziehungen untereinander und damit Erstellen eines Modells)
3. Implementation (Übertragung des Modells auf das System)
4. Reflexion (kritische Prüfung der Lösung, wenn notwendig Verbesserung)

Implement (lat.) heißt „Ergänzung", „Erfüllung" oder „Vollziehung".
Unter dem **Implementieren eines Modells** (z. B. eines neuen Programms oder einer Kalkulation für Berechnungen) versteht man, dass das Computersystem um dieses Modell ergänzt wird.

Für unser Beispiel könnte der Problemlöseprozess folgendermaßen spezifiziert werden:

1. Analyse: Du weißt noch nicht genau, welche Medientypen du nutzen wirst. Sicherlich sind für das Thema neben kurzen Texten Grafiken und Animationen notwendig, vielleicht aber auch Audios oder Videos sinnvoll. Es bietet sich also der zusammengesetzte Medientyp „Multimediadokument" an (↗ S. 7).
2. Modellierung: Nachdem du überlegt hast, welche fachlichen Inhalte du im Einzelnen in deinem Multimediadokument behandeln möchtest, solltest du dir eine Gliederung bzw. die Struktur des Dokuments überlegen. Kennzeichne auch jene Teile, die im Multimediadokument auftauchen werden.
3. Implementation: Du legst fest, welche Medientypen (Klassen) für welche Inhalte zu nutzen sind und erstellst das Multimediadokument.
4. Reflexion: Stelle dein Multimediadokument Mitschülern vor. Diskutiert, was verbessert werden kann.

Auch eine Website kann ein Multimediadokument sein, in dem Text, Grafiken, Animationen usw. enthalten sind. Die Website (↗ S. 36 ff.) hat sogar den Vorteil, plattformübergreifend zu sein: Egal ob PC oder Mac, ob Windows, Linux oder Mac OS, man kann die Präsentation überall zeigen.
Aber bei unserem aktuellen Beispiel geht es um einen Vortrag, bei dem du dabei sein sollst. Im Internet ist das schlecht möglich.

A 1.19 Es soll ein Multimediadokument, z. B. „Natürliche und künstliche Farbstoffe", erarbeitet werden.

a) Erarbeite eine Gliederung und stelle Material zusammen!

b) Überlege, welche Teile in das Dokument aufgenommen werden sollen!

c) Vervollständige die Gliederung durch Inhalte, die du in Ergänzung zur Präsentation „akustisch" mitteilen möchtest!

Multimediadokumente (↗ S. 7) kannst du mithilfe von **Präsentationsprogrammen** erstellen. Der Name sagt es schon: Ein Multimediadokument besteht aus verschiedenen Medien, wie zum Beispiel Text, Bild und Ton. Es ist relativ einfach, Filme und sogenannte **Animationen,** d. h. bewegte Bilder, einzubinden.

Auch Websites können Multimediadokumente sein (↗ Abschnitt 1.6). Websites bestehen allerdings nicht aus Folien.

Ein **Multimediadokument** enthält Folien. **Folien** sind einzelne abgeschlossene Seiten, auf denen insbesondere folgende Objekte positioniert werden können:
- Textfelder,
- Grafiken (Bilder, Linien, Rechtecke, Kreise),
- Klänge (Töne, Melodien und Audios),
- Filme (Videos und Animationen).

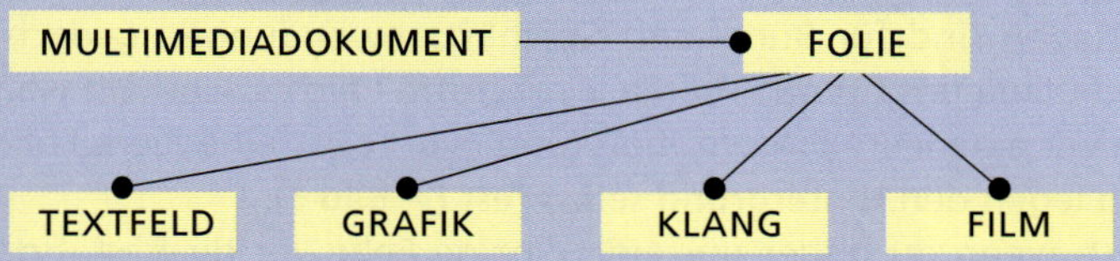

Folien können auch Diagramme enthalten, die z. B. mithilfe von Tabellenkalkulationsprogrammen erstellt wurden.

Wie solche Folien aussehen können, zeigt das folgende Bild:

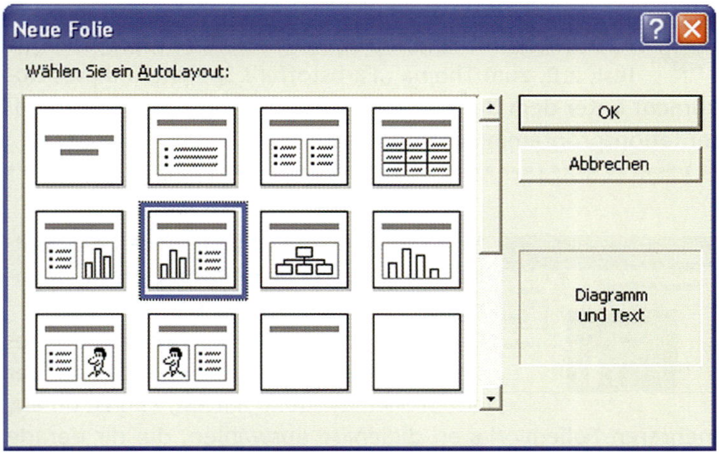

Hier sind Folienvorlagen abgebildet, wie sie von Präsentationsprogrammen bereitgestellt werden.
Natürlich ist es möglich, eine völlig leere Folie (im Bild ist das die Folie rechts unten) selbst mit Objekten zu „bestücken".

An der Form der Folien erkennst du bestimmt, dass sie für den Monitor gedacht sind. Ein Vortrag beispielsweise wird eben durch die Bilder auf dem Monitor ergänzt, die dann mit einem sogenannten **Beamer** an eine Wand projiziert werden.

In Aufgabe 1.19 (↗ S.27) hast du eine Präsentation zum Thema „Farbstoffe" vorbereitet und dabei überlegt, welche Teile des Vortrags durch ein Multimediadokument unterstützt werden sollen (Analyse und Modellierung).
Wie wir weiter vorgehen (Implementierung), wird hier beispielhaft dargelegt.

Zum Zuweisen von Attributwerten stehen außerdem „Formatierungsleisten" für die schnelle Arbeit mit der Maus zur Verfügung.

Mit verschiedenen Präsentationsprogrammen lässt sich ähnlich arbeiten:
- Klassen wie FOLIE, TEXTFELD, GRAFIK, KLANG und FILM werden über das Menü „Einfügen" bereitgestellt.
- Attributwerte für Objekte wie Folien, Textfelder (und die darin enthaltenen Absätze und Zeichen) oder selbsterstellte Vektorgrafiken kann man mit Methoden festlegen, die über das Menü „Format" aufgerufen werden.

1 So wird der Hintergrund aller Folien festgelegt:
Menü „Format" → Befehl „Hintergrund ...".
Hier wurde als Hintergrund ein schlichtes Grün gewählt. Über „Fülleffekte ..." kannst du Farbverläufe (Schattierungen, hier von links oben nach rechts unten), Strukturen und Muster auswählen.
Du kannst auch richtige Bilder einfügen, solltest dabei aber beachten, dass diese Bilder vorher bearbeitet wurden, sehr hell und kontrastarm sein müssen. Denn mit den Folien soll ja etwas präsentiert werden. Die Hintergrundinformation ist dabei eher unwichtig. Die Grafik dient als Schmuck.

Nach dem Start des Präsentationsprogramms kannst du ein leeres Multimediadokument öffnen oder aber eine vorgefertigte Vorlage auswählen.
Vorhandene Vorlagen tragen oft eine eigene Datei-Endung. Hiermit wird ein einheitlicher Hintergrund für alle Folien bereitgestellt – je nachdem, welches Thema die Präsentation haben soll. Die meisten mit einem Präsentationsprogramm gelieferten Vorlagen sind für Büro- und Geschäftsanwendungen gedacht. Sie nutzen uns für das Thema „Farbstoffe" nichts. Deshalb wählen wir eine leere Präsentation (und evtl. sogar eine leere Folie) und legen den Hintergrund selbst fest (↗ Bild 1).
Auch wenn du bisher nur eine einzige Folie vor dir hast – der ausgewählte Hintergrund sollte für alle weiteren Folien gelten. Also wirst du den Schalter „Allen zuweisen" auswählen.

A 1.20 Lege den Hintergrund des Multimediadokuments fest, z.B. zum Thema „Farbstoffe"! Speichere dieses Dokument unter dem Namen! (Die Datei-Endung vergibt dein Präsentationsprogramm automatisch.)

Nun kannst du die Objekte in deine eigentlich noch leere Folie einfügen, die du benötigst.
Dabei hilft dir ein kleines Fenster, welches standardmäßig immer da ist. Wenn du hier auf „Folienlayout ..." klickst, kannst du aus mehreren Folienvorlagen diejenige auswählen, die dir gerade

am besten passt (↗ auch Bild auf S.27). Auf der ausgewählten Folienvorlage werden Rahmen vorgegeben, in die du die entsprechenden Objekte einfügen kannst.

Natürlich kannst du auf einer leeren Folie auch selbst Textfelder, Diagramme oder Grafiken platzieren. Was ist dabei alles möglich?

Im Folgenden werden die wichtigsten **Klassen,** ihre **Attribute** und **Methoden** (Formatierungsmöglichkeiten) vorgestellt.
Die verschiedenen Objekte der beschriebenen Klassen werden gleichermaßen in das Dokument eingebunden: Du kannst beispielsweise über den Menüpunkt „Einfügen" das jeweilige Objekt auswählen. Oft steht dir dafür auch ein Symbol als Schalter zur Verfügung.

Textfelder: Du klickst mit dem Cursor auf die Stelle auf der Folie, wo dein Text beginnen soll, und gibst den gewünschten Text ein.
Ein selbsteingefügtes Textfeld ist immer erst einmal so groß, dass der Text genau hineinpasst. Schreibst du weiter, wird es größer.
Textfelder enthalten Absätze, Absätze wiederum Zeichen. Die Methoden zum Zuweisen von Attributwerten für Absätze und Zeichen sind die gleichen wie in der Textverarbeitung.
Es kann sein, dass dein Vortrag schon „digital" vorliegt, du ihn zum Beispiel mit einem Textverarbeitungsprogramm geschrieben hast. Dann war diese Arbeit nicht umsonst. Gewünschte Textpassagen kannst du durch die Methode Kopieren übernehmen:
Du öffnest das Textdokument im Textverarbeitungsprogramm, markierst den entsprechenden Text, kopierst ihn mit <Strg> + <c> in die Zwischenablage und holst ihn von dort mit <Strg> + <v> in dein Multimediadokument (vorher Cursor an die Stelle ins Textfeld setzen, wo der Text eingefügt werden soll).

1 In eine Folie wurde hier ein WordArt-Schriftzug und ein ClipArt eingefügt. Durch Ziehen an den quadratischen „Anfassern" der Grafik kann man sie vergrößern, verkleinern oder verzerren. Ziehst du an einem Eckpunkt bei gedrückter <Shift>-Taste, so wird die Grafik gleichmäßig skaliert.

Grafiken: Es können Grafikdokumente importiert werden, die in Dateien gespeichert sind.

Zum Beispiel können Clip-Arts – das sind kleine Vektorgrafiken – auf die Folie geholt werden. Diese Cliparts kannst du mit einem Vektorgrafikprogramm erstellt haben (↗ Abschnitt 1.2).

Text, der mit WordArt gestaltet wurde, ist letztlich auch eine Grafik und kann wie eine Grafik behandelt werden: Drehen, Skalieren und andere Methoden sind möglich. Das entsprechende Methodenfenster erreichst du daher über „Einfügen" → „Grafik" → „WordArt ...".

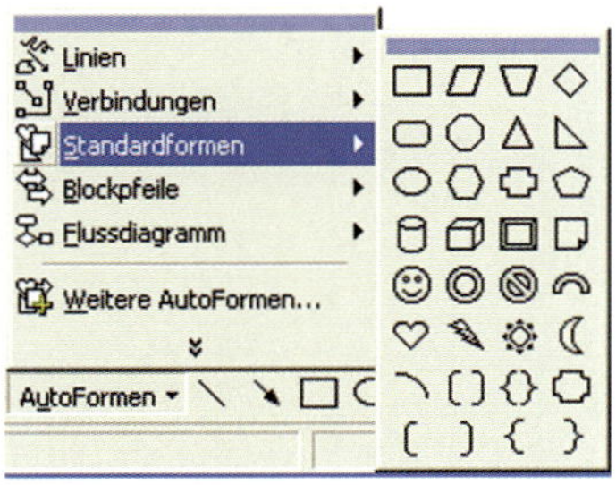

1 Hier sind einige AutoFormen dargestellt, die du in der Zeichnen-Leiste deines Präsentationsprogramms aufrufen kannst.

AutoFormen sind spezielle Vektorgrafik-Objekte der Klassen LINIE, PFEIL, KREIS, RECHTECK, VIELECK usw.

Solche Objekte können über den Menüpunkt „Einfügen" erzeugt werden. Es erscheint eine kleine Leiste mit Schaltern zu Auswahl spezieller Formen. Die gleichen Objekte lassen sich auch mithilfe der Zeichnen-Leiste erstellen (↗ Bild 1).
Methoden zur Änderung der Werte von Attributen wie Linienart, Linienfarbe oder Füllfarbe der gewählten Objekte kannst du gleichfalls in der Zeichnen-Leiste aufrufen. Die Objekte können auch gedreht, verschoben und skaliert werden.

Auch **Diagramme** zur anschaulichen Darstellung von Zahlen und Größen können eingefügt werden. Es erscheint eine Tabelle, deren Inhalt durch andere Zeilen- und Spaltenüberschriften und Zahlenwerte ersetzt werden kann. Das zugehörige Diagramm wird automatisch erstellt und in die Folie eingefügt.
Natürlich kannst du die benötigten Diagramme auch schon mit einem Kalkulationsprogramm vorbereitet haben.

Klänge und Filme: Du kannst Klänge und kleine Melodien auswählen und in die Folie einfügen. Solche **Audio-Dateien** haben meist die Endung „wav" oder „mid". Nach dem Einfügen erscheint auf der Folie ein kleines Lautsprechersymbol, wobei du noch festlegen kannst, ob der Klang während der Präsentation automatisch abgespielt werden soll oder erst nach Klicken mit der Maus.
Ein eingefügter Film (Video) wird auf der Folie als Rechteck angezeigt. Du kannst die Größe dieses Objekts ändern. **Video-Dateien** können beispielsweise die Endung „avi" besitzen.

1 Karmin wird aus Koschenille gewonnen. Das ist ein Pulver aus getrockneten weiblichen Schildläusen. Auf Lanzarote wurde schon im Mittelalter diese eigentlich südamerikanische Schildlausart gezüchtet. Koschenilleläuse ernähren sich besonders gern von Feigenkakteen (Opuntien).

A 1.21 Starte dein Präsentationsprogramm und öffne das Multimediadokument aus Aufgabe A 1.20, beispielsweise zum Thema Farbstoffe (↗ auch S. 28).
Erstelle eine Folie zu einem Aspekt aus deiner Gliederung, zum Beispiel „Karmin – ein Naturfarbstoff"!
Gestalte die Folie so, dass Objekte verschiedener Klassen enthalten sind.
Speichere dein Multimediadokument unter dem gleichen Namen!

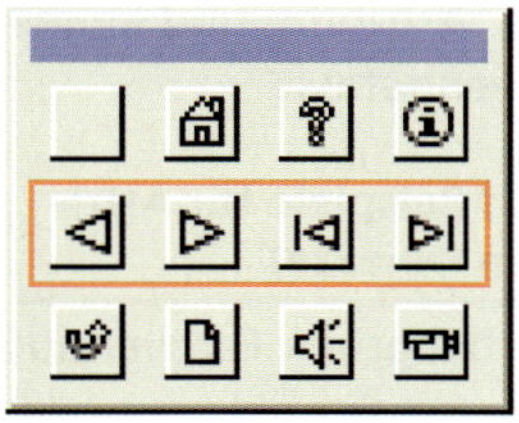

Schaltflächen auf Folien sind Objekte, mit deren Hilfe man innerhalb einer Präsentation vor- und zurückblättern, Klänge oder Filme einblenden und weitere Aktionen auslösen kann.

Diese Objekte der Klasse SCHALTER verweisen auf andere Objekte innerhalb des Multimediadokuments.

Interessant sind vor allem die Schaltflächen, die der Navigation innerhalb des Multimediadokuments dienen. Sie sind in der mittleren Zeile zu finden (im Bild orange umrahmt) und bedeuten in der Reihenfolge von links nach rechts:
- eine Folie zurück,
- eine Folie vor,
- zum Anfang des Dokuments,
- zum Ende des Dokuments.

Wichtig sind bei der Erstellung eines Multimediadokuments neben dem Inhalt auch **Kriterien zur Gestaltung:**
1. Benutze für gleiche Sachverhalte die gleichen Farben. Lege so beispielsweise für alle Folien eine einheitliche Hintergrundfarbe fest (blasse Farben). Gleiches gilt für die Auswahl von Schriftfarben.
2. Weniger ist manchmal mehr. Der Einsatz zu vieler Farben wird meist als störend empfunden und lenkt vom Wesentlichen ab. Vier Farben sind oft ausreichend. Nutze auch Abstufungen einer Farbe.
3. Wähle geeignete Schriftarten: Nutze als Bildschirmschriften serifenlose Schriften wie Arial, Tahoma oder Verdana. Nachbildungen von Handschriften sind schwer lesbar.
   Wähle mindestens die Schriftgröße 24.

Um zu überprüfen, ob du auch alles richtig gemacht hast, gehst du in das Menü „Bildschirmpräsentation“ → „Bildschirmpräsentation vorführen“.

A 1.22 Öffne das Multimediadokument „Farbstoffe“ aus Aufgabe A1.21 mit der Folie „Karmin – ein Naturfarbstoff“!
Gestalte eine Titelfolie und eine Folie mit dem Thema „Natürliche Farbstoffe“!
Bringe die Folien in die richtige Reihenfolge und füge Schalter zum Vor- und Zurückblättern ein!
Speichere die Präsentation und teste, ob alles richtig funktioniert!

Eine Übersicht über die Schaltflächen erhältst du, wenn du in der Zeichnen-Leiste auf „AutoFormen“ → „Interaktive Schaltflächen“ gehst.

Am linken Rand des Bildschirms wird die Reihenfolge der Folien (untereinander) angezeigt.
Markierte Folien können mit <Entf> gelöscht oder durch Ziehen mit der Maus verschoben werden.
Steht der Cursor „am Ende“ einer Folie, so kann mit <Enter> eine neue Folie eingefügt werden.

In der folgenden Tabelle sind die Objekte, Attribute und einige Attributwerte bei Präsentationen zusammengefasst:

Klasse	Wichtige Attribute (und Beispiele für Attributwerte der erzeugten Objekte)
MULTIMEDIA-DOKUMENT	– Hintergrund (weiß, hellgrün, Farbverlauf von oben nach unten, mit Grafik) – Name, wenn es in einer Datei gespeichert wird (Samenpflanzen.ppt)
FOLIE	– Position (Titelblatt, 5. Folie, letzte Folie) – Hintergrund (wie gesamtes Multimediadokument, helles Blau) – Grundlayout (zweispaltig mit Titel, dreispaltig) – Effekt (horizontal blenden)
TEXTFELD	– Position auf einer konkreten Folie (Überschrift, in der Mitte, rechts) – Größe (10 cm breit und 5 cm hoch, die Hälfte der Folie einnehmend) – Effekt (als 3. Objekt der Folie absatzweise von links ins Bild fließen, rotieren)
GRAFIK	– Position (4 cm vom rechten Rand und 3 cm von oben) / Größe – Effekt (langsam von rechts einblenden, ins Bild rollen, blinken, mit Klang)
AUTOFORM	– Position / Größe / Linienart / Linienfarbe / Linienstärke / Füllfarbe
DIAGRAMM	– Position / Größe / Hintergrundfarbe / Anzahl der Datenreihen / ...
KLANG	– Position der Schaltfläche / Wiedergabe automatisch oder nach Mausklick
FILM	– Position der Schaltfläche / Wiedergabe automatisch oder nach Mausklick
SCHALTFLÄCHE	– Position / Größe / Farbe / Verweis auf andere Folie, auf Klang, auf Film, ...

A 1.23 Vervollständige das Klassendiagramm für Präsentationen von Seite 27!
Benutze alle Klassen der obigen Tabelle!

Animationen in Präsentationen: Es ist leicht möglich, bewegte Bilder, wie Filme (Videos) oder animierte Grafiken, über das Menü „Einfügen" direkt in einer Folie zu platzieren.

Das soll uns in diesem Lernabschnitt aber weniger interessieren. Stattdessen wollen wir unsere Präsentation dadurch „aufpeppen", dass wir statische Objekte wie Texte und Bilder in Bewegung versetzen, also **animieren.**

Die in der Folie enthaltenen Objekte, insbesondere Grafiken und Textfelder, besitzen eine **Methode „Erscheinen"**, die sich auf das **Attribut „Effekt"** bezieht. Hiermit ist es möglich, die entsprechenden Objekte zu animieren.

Es ist zum Beispiel sinnvoll, bestimmte Textpassagen schrittweise einzublenden, um nicht vorwegzunehmen, was der Redner vorträgt. Das folgende Bild zeigt das Fenster zum Einstellen von Animationen für eine Folie zum Thema „Naturfarbstoffe – Pigmente".

Dass Ausgangstoffe für Pigmente farbige Erden oder Mineralien sind, die dann fein gemahlen werden, will der Vortragende mit seinem Publikum in einem Frage-Antwort-Spiel erarbeiten. Daher wurde hier für das Feld „Text 3" festgelegt, dass der Text (auf Mausklick) absatzweise von links ins Bild läuft.

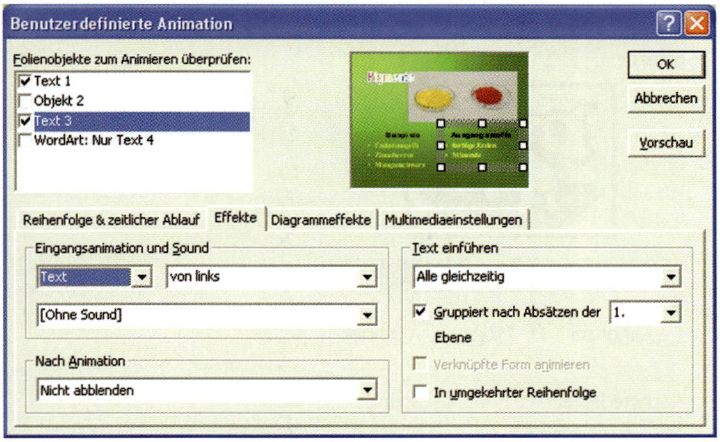

Folgende Attributwerte sind für das **Attribut „Effekt"** zum Animieren von Objekten möglich (Beispiele):

- Text kann ins Bild fließen (von links oben, von links unten, ...). Dies kann wortweise, zeichenweise, absatzweise oder gleichzeitig erfolgen.
- Objekte können unterschiedlich eingeblendet werden (langsam von links, streifenweise von oben, ...) oder verschwinden.
- Objekte können rotieren, ins Bild rollen, blinken, ...
- Dem Erscheinen oder Verschwinden von Objekten kann ein Klang (Sound) zugeordnet werden.

Es werden Animationen für jeweils eine Folie festgelegt. Dabei ist Folgendes zu beachten:

1. Auswahl der Objekte, die animiert werden
2. Festlegen der Reihenfolge, wann die einzelnen Objekte auf der Folie erscheinen sollen
3. Festlegen des Attributwertes zum Attribut „Effekt" für jedes einzelne animierte Objekt

Überlege sehr genau, welche Objekte du animieren willst und welche Effekte du diesen Animationen zuordnest. Weniger ist oft mehr: Durch ständiges Verwenden von unterschiedlichen Tönen kann es zu Reizüberflutungen kommen. Man wird vom eigentlichen Inhalt der Präsentation abgelenkt. Auch Textanimationen sollten nach einem einheitlichen Schema erfolgen – Texte nicht mal von links, mal von rechts ins Bild fließen, mal rotieren, mal blinken ...

Und hier noch einige Tipps für die Erarbeitung von Multimediadokumenten:

Willst du mehrere Objekte auf einer Folie animieren, solltest du höchstens einmal einen Klang zuordnen.

Soll deine Präsentation einen Vortrag unterstützen, sollte der Ablauf durch Mausklick gesteuert werden (Standard). Damit kann das Tempo der Präsentation deinem Vortrag angepasst werden. (Eine laufende Präsentation kann jederzeit durch Drücken von <Esc> beendet werden.)

Zum Abspielen der Präsentation benötigt man normalerweise ein Präsentationsprogramm. Das muss nicht *PowerPoint* sein. Mit „.ppt" unter PowerPoint gespeicherte Multimediadokumente können auch mit *StarOffice Impress* gezeigt werden (und umgekehrt).

Wird eine *PowerPoint*-Präsentation als „Pack&Go-Präsentation" (mit der Datei-Endung „.pps") gespeichert, so muss auf dem Computer, mit dem die Präsentation vorgeführt wird, nicht einmal ein Präsentationsprogramm installiert sein.

A 1.24 Animiere einige Objekte in deinem Multimediadokument!

a) Wähle geeignete Folien aus!
b) Wähle Objekte aus, die du animieren möchtest! Überlege, was du mit der Animation jeweils bezweckst und was sie bewirkt!
c) Setze die Animationen technisch mit deinem Präsentationsprogramm um!

Auch Folien kannst du animieren. Um animierte Folienübergänge zu schaffen, musst du in der Foliensortieransicht oder in der Folienauflistung im linken Bildschirmfenster alle diejenigen Folien markieren, zwischen denen ein animierter Übergang geschaffen werden soll. Dann rufst du das Menü „Bildschirmpräsentation" → „Folienübergang" auf.
Die gewünschten Einstellungen werden im folgenden Fenster vorgenommen:

A 1.25 Markiere in der Foliensortieransicht alle Folien deines Multimediadokuments! Weise allen Folien den gleichen Effekt zu! Speichere die Präsentation wieder unter der gleichen Bezeichnung und führe sie vor!

N 1.26 Vervollständige die Präsentation „Natürliche und künstliche Farbstoffe"!

Neben der Ergänzung des Teils „Natürliche Farbstoffe" könnten folgende Teile neu hinzukommen:
- künstliche Farbstoffe,
- Färben und Färbeverfahren,
- Schminken.

Wenn notwendig, erweitert die Aufgabe so, dass sie in kleineren Gruppen bearbeitet wird. Die einzelnen Gruppen führen dann jeweils ihre Präsentation vor. Es werden Stärken und Schwächen der Präsentationen mit allen diskutiert.

Wir reflektieren beim Lösen der folgenden Aufgabe noch einmal über den Problemlöseprozess (↗ S.26).

N 1.27 Erarbeitet gemeinsam eine Präsentation zum Thema „Aspekte der Farbwahrnehmung"!

a) Analyse:
   Diskutiert in der Klasse, welche Aspekte ihr in der Präsentation vorstellen wollt! Beispiele:
   - Physologie
     (Farbsehen durch das Auge, Farbsehstörungen, Farbtäuschungen, Wirkung von Farb- und Beleuchtungseffekten)
   - Psychologie
     (bevorzugte und abgelehnte Farben, Farben und Produktgestaltung, Farben und Raumgestaltung)
   - Manipulation
     (Färben von Lebensmitteln und deren Wirkung auf den Menschen, Anstrahlen von Lebensmitteln mit verschiedenfarbigem Licht, Werbung, Schminken)

   Teilt eure Klasse in Gruppen ein und verteilt die Aufgaben!
b) Modellierung:
   Legt in den Gruppen fest, welche Objekte auf welche Folien wie angeordnet werden sollen!
c) Implementation:
   Jede Gruppe erarbeitet eine „Teilpräsentation", also eine Folienfolge zu einem der ausgewählten Aspekte.
   Eine Gruppe ist für das „Gesamtlayout" verantwortlich und führt alle „Teilpräsentationen" zusammen.
d) Reflexion:
   Führt die Präsentation „Aspekte der Farbwahrnehmung" vor, diskutiert Stärken und Schwächen und verbessert sie!

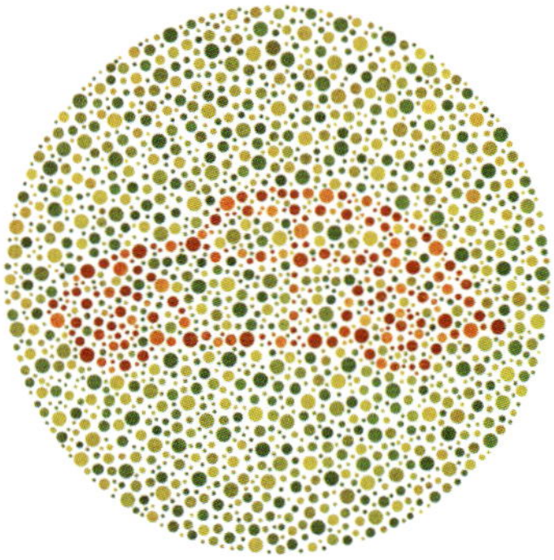

1 Sehtest zur Erkennung von Rot-Blindheit

2 Obst bei unterschiedlicher Beleuchtung

1.6 Hypertexte

Im letzten Abschnitt hast du gelernt, wie man mithilfe von Präsentationsprogrammen Multimediadokumente erstellen kann. Willst du diese Dokumente anschließend auf anderen Computern nutzen, musst du dich vorher informieren, ob eine Anwendung zum Öffnen und Starten deines Dokumentes vorhanden ist. Es existiert also eine gewisse Produktabhängigkeit. Natürlich gibt es auch Möglichkeiten, produkt- bzw. plattformunabhängig zu arbeiten. Eine solche ist das Erstellen von Hypertexten unter Verwendung von HTML.
Zunächst soll ein **Hypertextdokument** genauer betrachtet werden. Hypertextdokumente finden wir vor allem im World Wide Web, also als Websites.

A 1.28 Suche im Word Wide Web Seiten zu verschiedenen Sachgebieten, z.B. zur Wirkung von Licht und Farben auf den Menschen! Analysiere die Struktur eines solchen Hypertextdokumentes! Welche Operationen kannst du mit diesen Seiten realisieren? Versuche diese Seiten zu beschreiben. Welche wesentlichen Eigenschaften kannst du erkennen?

Du hast sicherlich festgestellt, dass **Hypertextstrukturen** im Internet selbst aus einzelnen Dokumenten (Websites) bestehen. Jede Seite eines **Hypertextes** lässt sich als Objekt der Klasse DOKUMENT beschreiben. Typische Eigenschaften eines solchen Dokuments sind u.a. der Titel oder der Hintergrund. Du kannst diese Seiten anzeigen, aktualisieren oder auch ausdrucken. Das Dokument selbst besteht z.B. wiederum aus Objekten der Klassen ABSATZ, GRAFIK oder TABELLE.
Die einzelnen Hypertextdokumente sind untereinander auf vielfältige Weise verknüpft. Auch innerhalb einer Seite können mehrere **Verweise** (Links) gesetzt sein.

Das **Setzen von Verweisen** ist nicht neu. Auch in diesem Lehrbuch wird mit Verweisen gearbeitet. Allein das Inhaltsverzeichnis verweist mit seinen Seitenangaben auf die jeweiligen Kapitel und Abschnitte. Diese stellen dann das Verweisziel dar. Aber auch in einzelnen Aufgaben wird auf ausgewählte Stellen im Buch verwiesen.

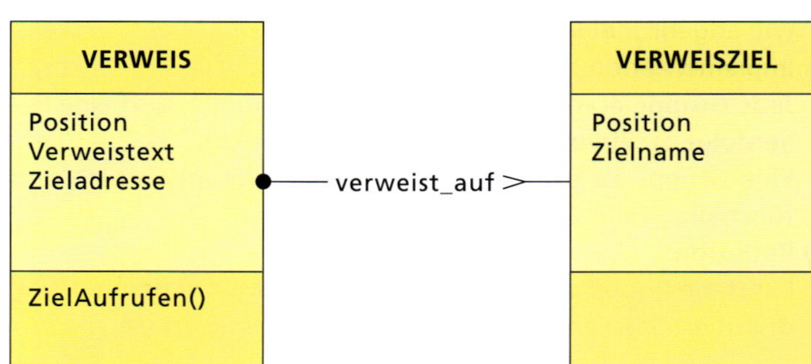

Die **Struktur eines Hypertextdokumentes** lässt sich somit auch als **Klassendiagramm** darstellen (im Beispiel als einfache Struktur eines Textdokumentes):

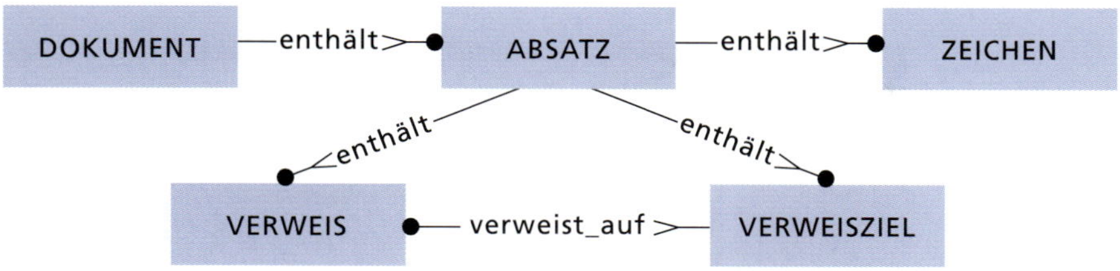

Das Erstellen von Hypertexten ist eine Methode, um Informationen und ihre Zusammenhänge untereinander nichtlinear (nichtsequenziell) darzustellen. Bei **Hypertext**en handelt es sich um ein System von verschiedenartigen Informationen, die einen Zugriff aufeinander ermöglichen. Diese Zugriffe werden über Verknüpfungen (Verweise, Links) realisiert.

Der Begriff **Hypertext** wurde bereits in den 1960er-Jahren verwendet. Damit wurden Strukturen von Dokumenten beschrieben, deren Verknüpfungen untereinander nicht linear dargestellt werden konnten.

Hypertexte, die insbesondere für eine Veröffentlichung im Internet entstehen, beruhen auf der Grundlage von **HTML** – **H**yper**T**ext **M**arkup **L**anguage.

HTML ist eine Sprache zur Seitenbeschreibung, d.h., unter Nutzung der Elemente von HTML wird das Erscheinungsbild des Dokuments festgelegt. Die Seite selbst kannst du dann z.B. mit einem Browser (engl. „to browse" – blättern, stöbern) ansehen. Dieser interpretiert die im Dokument angegebenen HTML-Anweisungen und stellt anschließend den Inhalt der Seite wie beschrieben dar.

Nachdem du den Aufbau eines Hypertextes analysiert hast, steht nun dessen Entwicklung im Mittelpunkt.

Auch dafür gibt es Werkzeuge. Neben kostenpflichtigen Programmen wie „Front Page" oder „Nets Object" kannst du auch freie Software nutzen. Diese Werkzeuge sind zwar in ihrer Funktionalität nicht so umfangreich, aber sie ermöglichen ebenfalls das Entwickeln anspruchsvoller Seiten. Solche Programme werden oft im Paket mit Internetbrowsern angeboten. Bekannt sind zum Beispiel „Front Page Express" oder der „Netscape Composer". Aber auch viele Textverarbeitungsprogramme ermöglichen das Speichern von Dokumenten als Hypertextdokument.

A 1.29 Welche Software steht dir zum Erstellen von Hypertexten auf deinem Arbeitsplatz zur Verfügung?
Hinweis: Du erkennst dies, indem du beim Speichern den Dateityp „*.html" auswählen kannst. In manchen Programmen wird dieser auch als Typ „Website" oder „HTML-Dateien" beschrieben.

In diesem Abschnitt soll ein Werkzeug beschrieben werden, welches jedem Nutzer kostenfrei zur Verfügung steht:
Es ist das Textverarbeitungstool von **OpenOffice** der Firma Sun Microsystems.

OpenOffice.org 2.0

Nachdem du das Programm gestartet hast, erkennst du sicherlich den dir bekannten, typischen Aufbau von Programmen zum Gestalten von Dokumenten.
Wähle ein neues HTML-Dokument aus!

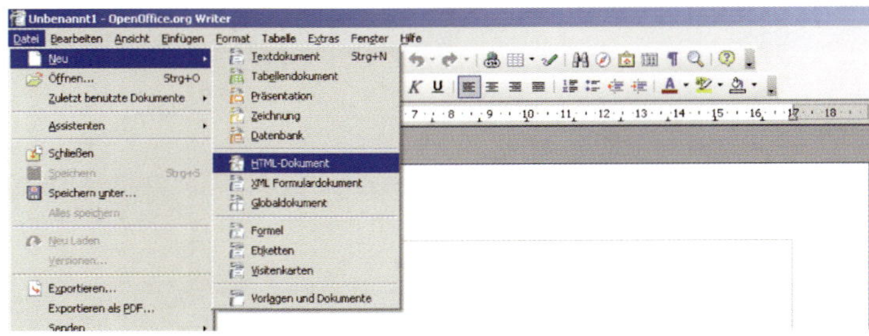

Farben wirken auf den Menschen und beeinflussen ihn. So besitzen Farben in unterschiedlichen Kulturkreisen verschiedene Bedeutungen.

Während die Farbe Schwarz in den westlichen Kulturen das Symbol für den Tod und die Trauer darstellt, steht diese Farbe in Ägypten für Wiedergeburt und Auferstehung. In der hebräischen Kultur symbolisiert Schwarz Verständnis.

Ähnlich ist es mit der Farbe Grün: In der christlichen Kultur steht Grün für Hoffnung, im Islam stellt sie die Farbe des Propheten dar.

Nun kannst du damit beginnen, eine Seite zu erstellen, welche als Ausgangspunkt für einen Hypertext angesehen werden kann. Ein solches Dokument wird auch als **Homepage** bezeichnet. Es dient insbesondere als Startseite für die Arbeit im World Wide Web. Eine Homepage wird oft **index.html** bzw. **index.htm** genannt, weil bei der Angabe einer Internetadresse oft eine Seite mit diesen Namen gesucht und anschließend geöffnet wird.

A 1.30 Gestalte mit den dir durch die Software zur Verfügung stehenden Mitteln eine Seite, beispielsweise zur psychologischen Wirkung von Farben auf den Menschen! Diese soll als Startseite, also als Homepage für einen Hypertext fungieren. Nutze zur Gestaltung verschiedene Text- und Dokumenteneigenschaften! Speichere das so entstandene Dokument anschließend unter dem Namen „index.html"!

Neben dem Inhalt eines Hypertextdokumentes sind auch weitere Eigenschaften von Bedeutung.

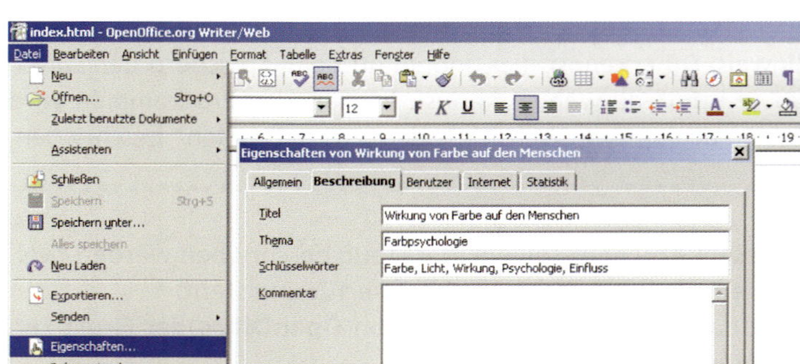

Hypertextdokumente können unabhängig vom jeweiligen Entwicklungswerkzeug mithilfe von Browsern betrachtet werden. Der Titel des Dokuments erscheint in der Titelleiste des Browserfensters; Schlüsselwörter sind für die Auswertung der Seite durch Suchmaschinen von Bedeutung.

A 1.31 Starte einen Browser. Lade die Seite „index.html" und beschreibe die Eigenschaften dieser Seite als Hypertextdokument!

Etwa so: SeiteIndex : DOKUMENT
Titel =
Hintergrund =

Beschreibe außerdem die Eigenschaften der im Dokument enthaltenen Absätze: Überschrift : ABSATZ
Farbe =
Ausrichtung =

Die in Aufgabe A1.31 beschriebenen Objekte und deren Eigenschaften sind auch im Dokument enthalten und gespeichert. Deutlich wird dies unter anderem, wenn du dir den **Quelltext** deiner Seite ansiehst. Dazu gibt es verschiedene Möglichkeiten: einmal im Browser selbst mittels Kontextmenü (rechte Maustaste) und zum anderen bietet beispielsweise OpenOffice eine HTML-**Quelltextansicht** an.

Tag (Marke)

In **Auszeichnungssprachen,** wie auch HTML eine ist, werden Tags zur Kennzeichnung bestimmter Elemente im Dokument genutzt. Fast alle HTML-Elemente werden durch ein einleitendes und ein abschließendes Tag markiert. Ebenfalls enthalten diese Marken den Code für die gewünschte Darstellung dieser Elemente.

In HTML:
einleitender Tag <tag>
abschließender Tag </tag>

Beispiel:
<b>Dieser Text wird fett gedruckt</b>

A 1.32 Wähle eine Quelltextansicht deiner Datei index.html! Gelingt es dir, einige Elemente der Homepage und ihre Darstellung im Quelltext der Seite wiederzuerkennen? Beschreibe diese Elemente!

Jedes HTML-Dokument besitzt den gleichen prinzipiellen Aufbau, eine feste Struktur:

```
HTML-Dokument
<HTML>
  <HTML>
  <HEAD>                                        } Kopf
    <TITLE>Titel</TITLE>
    <!--weitere Dokumenteneigenschaften-->
  </HEAD>
  <BODY>                                        } Körper
    <!--Inhalt des Dokumentes-->
  </BODY>
</HTML>
```

Ob eine Website von vielen Nutzern gelesen wird, ist neben einem interessanten Inhalt natürlich auch vom Erscheinungsbild dieser Seite abhängig; wesentlich dabei ist die Farbauswahl.

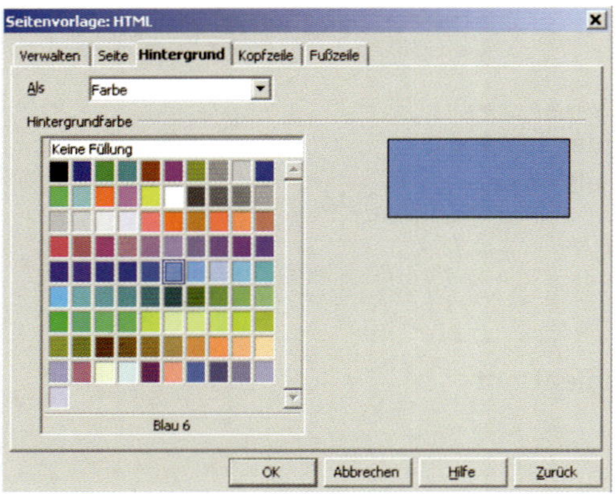

Wie du aus Abschnitt 1.2 weißt, sind die Farben, die von einem Monitor wiedergegeben werden, aus den Grundfarben Rot, Grün und Blau zusammengesetzt. Dazu befinden sich an jedem Bildpunkt drei Leuchtpunkte der genannten Farben. Leuchtet keiner der Punkte, so erscheint der entsprechende Bildpunkt schwarz, leuchten alle drei mit voller Intensität, so erscheint ein weißer Bildpunkt. Werden nun für jede Farbe jeweils 256 Helligkeitsstufen bereitgestellt, ergeben sich 16 777 216 Farbnuancen (True Color). Man spricht hier von additiver Farbmischung.

Betrachten wir z.B. die Hintergrundfarbe einer Website. Wenn du eine Software zum Erstellen der Seiten nutzt, kannst du die Farben als Seiteneigenschaft im entsprechenden Menü festlegen.

Betrachtest du den Quelltext deiner Website, erkennst du die Hintergrundfarbe dieser als Attributwert der Eigenschaft bgColor. Dieser Farbwert ist als sechsstellige Hexadezimalzahl codiert. Jeweils 2 Ziffern bestimmen die Intensität einer der Farben Rot-Grün-Blau. Analoges gilt für das Festlegen der Schriftfarbe.

Die im Beispiel gewählten Farben sind Blautöne. Blau ist die Farbe des Himmels. Sie symbolisiert Weite und Unendlichkeit, aber auch Vertrauen und Zuverlässigkeit sowie Harmonie und Glaubwürdigkeit.
Blau ist eine kalte Farbe. Sie wirkt auch kühl, passiv und verkörpert Bewegungsarmut.

Rot:	#FF0000	Weiß:	#FFFFFF
Grün:	#00FF00	Schwarz:	#000000
Blau:	#0000FF		

Beispiel für das Festlegen von Text- und Hintergrundfarbe eines HTML-Dokumentes:

<BODY TEXT="#000066" BGCOLOR="#6699FF">

Neben der farblichen Gestaltung eines Dokuments ist auch die Anordnung der verschiedenen Elemente auf einer Seite von Bedeutung, wie Texte, Grafiken oder Fotos.

Eine geeignete Methode dazu stellt die Verwendung von Tabellen dar. Ebenso wie etwa in Textverarbeitungssystemen oder Präsentationsprogrammen lassen sich Tabellen auch bei der Entwicklung von Internetseiten als Werkzeug zur Gestaltung nutzen (↗ Bild S.41).

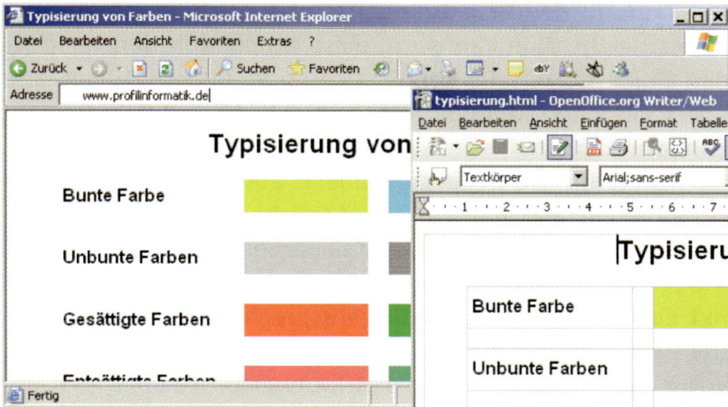

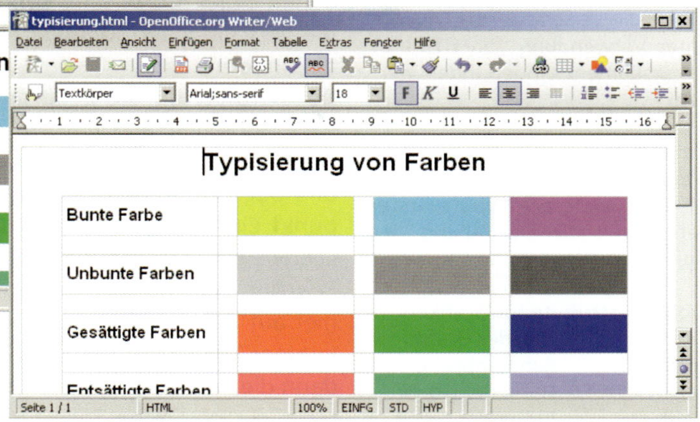

Die gleiche Abbildung – einmal im Browser und einmal in der Entwicklungsumgebung – lässt erkennen, dass die jeweiligen Farbdarstellungen und Absätze in eine Tabelle eingearbeitet wurden. Die in dieser Seite enthaltenen Objekte der verschiedenen Klassen lassen sich in einem **Klassendiagramm** zusammenfassen.

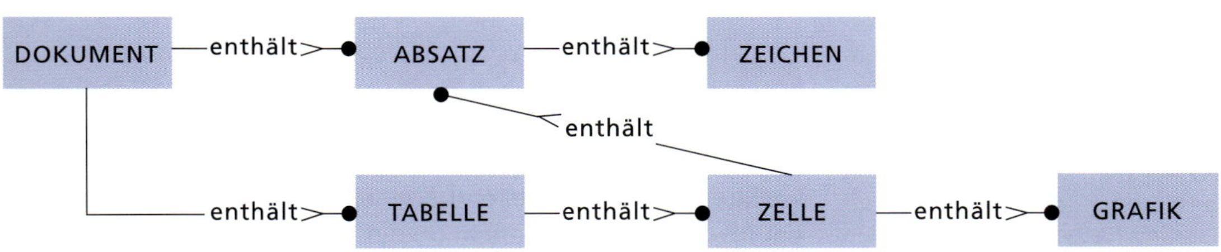

Du erkennst sicherlich, dass jede Tabelle selbst ein Objekt der Klasse TABELLE ist. Diese besteht aus Zellen, in denen dann wiederum der eigentlich darzustellende Inhalt eingefügt wird. Weitere Eigenschaften einer Tabelle sind deren Höhe und Breite, aber auch die Rahmenbreite. Das ist in unserem Beispiel wichtig, denn die Rahmenbreite beträgt hier Null Pixel. Somit ist die Tabelle später im Browser nicht sichtbar.

A 1.33 Erzeuge ein neues HTML-Dokument, welches inhaltlich zu deiner in Aufgabe A1.30 gestalteten Startseite passt, beispielsweise zum Thema „Typisierung von Farben"! Füge unter der Überschrift ein neues Objekt der Klasse TABELLE ein, die in der Anzahl der Zeilen und Spalten deinen gestalterischen Vorstellungen entspricht! Verwende dazu über das Menü „Einfügen" die Operation „Tabelle einfügen"!
Welche Eigenschaften der Tabelle kannst du bereits festlegen?

i Auch eine **Tabelle** kann unter Verwendung von Tags definiert werden:

<table> </table> Erstellt eine Tabelle

<tr> </tr> Definiert eine Zeile

<td> </td> Definiert einen Tabelleneintrag und somit eine Spalte

Beispiel für eine Tabelle mit einer Zeile und zwei Spalten:

```
<table>
  <tr>
    <td>Spalte 1</td>
    <td>Spalte 2</td>
  </tr>
</table>
```

In der Quelltextansicht deines Hypertextdokumentes kannst du erkennen, wie die verschiedenen Objekte unter Verwendung von HTML in das Dokument eingebunden werden.

Für eine **Grafik** gilt z.B.:
<img src="bild.jpeg">
Oft sind weitere Attribute angegeben, die die Darstellung des Objektes festlegen.

Typische Attribute für Grafiken:

src=" "	URL der Grafik
border=" "	Rahmenbreite
height=" "	Höhe der Grafik
width=" "	Breite der Grafik
alt=" "	bestimmt einen Alternativtext, falls die Grafik nicht angezeigt wird

Hyperlinks sind charakterisiert durch den Verweistext bzw. das Verweiselement und das jeweilige Verweisziel. Diese Eigenschaften werden bei der Definition der Tags mit festgelegt. Dabei werden die Attribute und die dazugehörigen Attributwerte angegeben:
<a href="Verweisziel">
Verweistext </a>
Dieser Tag wird auch als *Anker-Tag* bezeichnet.

Beispiel für einen Verweis:

- mit Verweistext:
  <a href="typisierung.html">
  Typisierung von Farben</a>

- mit einer Grafik als „Verweistext":
  <a href="typisierung.html">
  <img src="bild.jpeg"></a>

- auf eine externe Internetseite:
  <a href="http://www.profilinformatik.de">
  Seiten zur Profilinformatik</a>

Damit hast du das Grundgerüst für das Erscheinungsbild der Seite festgelegt. Nun kannst du diese Tabelle mit den verschiedenen Objekten, wie Texten, Grafiken oder Bildern, füllen, also die verschiedenen Medienobjekte in dein Hypertextdokument einbinden.
Dazu wählst du die Zelle der Tabelle aus, die du bearbeiten willst. Anschließend hast du die Möglichkeit, wie gewohnt einen Textabsatz zu verfassen und zu bearbeiten. Möchtest du ein Bild oder ein anderes Objekt einfügen, kannst du den Menüpunkt Einfügen verwenden und entsprechend verfahren, ähnlich wie bei Präsentationsprogrammen (↗ S.29 ff.).
Beachte: Alle festzulegenden Attributwerte beziehen sich immer auf das gerade ausgewählte Objekt. Willst du z.B. ein Bild in einer Zelle zentrieren, musst du erst das Bild auswählen und dann die Ausrichtung festlegen. Willst du jedoch die Eigenschaften einer gesamten Zelle festlegen, dann musst du diese auch erst markieren, ehe die Eigenschaft verändert werden kann.

Es gilt immer folgende Schrittfolge:
1. entsprechendes Objekt auswählen,
2. Attributwert festlegen bzw. Eigenschaft ändern.

A **1.34** Füge in die in Aufgabe A 1.33 erstellte Tabelle die verschiedenen Objekte ein. Gestalte anschließend dein Dokument! Verwende dazu geeignete Attributwerte für die jeweiligen, in deiner Seite enthaltenen Objekte. Überprüfe das Ergebnis deiner Arbeit, indem du die Seite in einem Browser lädst und nach Veränderungen aktualisierst!

Bisher hast du gelernt, wie Hypertexte aufgebaut sind und was ihre Struktur kennzeichnet. Du hast eine Homepage und ein weiteres Hypertextdokument erstellt.
Du erinnerst dich: Mithilfe von **Verweisen** werden Verknüpfungen realisiert, die Hypertexte entstehen lassen (↗ S.36). Solche Verknüpfungen nennt man auch **Hyperlinks.** Sie verweisen auf genau ein Objekt der Klasse **VERWEISZIEL.**
Auch in deinen Dokumenten kannst du derartige Links nutzen, um einen Hypertext zu erstellen. Die bisher entstandenen zwei Dokumente „index.html" und „typisierung.html" sollen nun durch Hyperlinks verknüpft werden. Betrachten wir noch einmal, was dazu notwendig ist: In der Seite „index.html" soll ein Verweis auf die Seite „typisierung.html" erfolgen. Dies kannst du mithilfe einer Objektkarte oder auch unter Verwendung der Punktnotation formulieren:

```
Verweis1: VERWEIS
Verweis1.Text="Typisierung von Farben"
Verweis1.Zieladresse="typisierung.html"
Verweisziel1:VERWEISZIEL
Verweisziel1.Name="typisierung.html"
```

A 1.35 Natürlich soll auch die Seite „typisierung.html" einen Verweis zurück zur Startseite „index.html" enthalten. Oft fügt man dazu das Wort „Zurück" am Ende des Textes ein und nutzt dieses als Verweistext. Gib für diesen Fall die Eigenschaften des Verweises und des Verweisziels an! Verwende die Punktnotation!

Um diese soeben beschriebenen Verknüpfungen zu realisieren, nutzen wir wieder den HTML-Editor (hier OpenOffice). Betrachten wir zunächst die Datei „typisierung.html". Von dieser Seite soll der Verweis zur Seite „index.html" erfolgen. Als Verweistext wird das Wort „Zurück" genutzt. Nachdem du das Wort „Zurück" ausgewählt, also markiert hast, kannst du den Verweistext festlegen und die notwendigen Eigenschaften (Attributwerte) definieren.

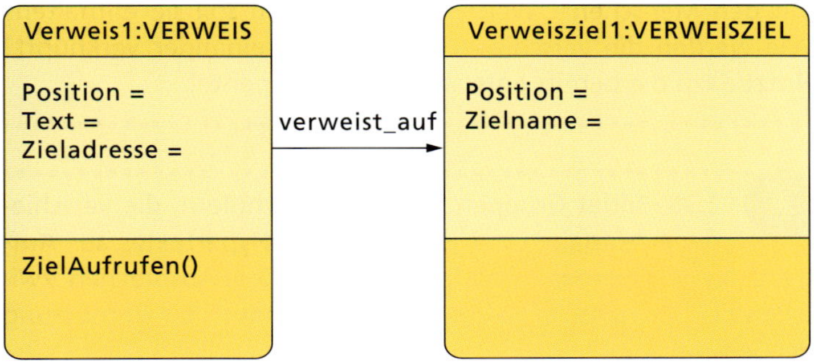

A 1.36 Verknüpfe deine Seite „index.html" und das Hypertextdokument aus Aufgabe A 1.34 mittels Hyperlinks. Setze dazu jeweils einen Verweis zur anderen Seite! Wähle geeignete Verweistexte und lege die notwendigen Attributwerte fest! Teste die Funktionalität der so erzeugten Verknüpfungen!

Du hast sicherlich festgestellt, dass der Verweistext als solcher in der dargestellten Seite erkennbar wird. Oft erscheinen diese Texte in einer anderen Farbe als der eigentliche Text und sie sind unterstrichen. Diese Eigenschaften kannst du bei der Gestaltung des Verweises festlegen.

Auch Grafiken oder andere Objekte lassen sich als „Verweistext" verwenden. Ähnlich wie eben dargestellt, musst du in diesem Fall auch zunächst das Objekt auswählen und anschließend die Eigenschaften für den Verweis festlegen. Durch die Verknüpfungen der Seiten mittels Hyperlinks, ist ein einfacher Hypertext entstanden. Das Klassendiagramm von Seite 41 kann nun ergänzt werden. Berücksichtigt wurde dabei auch, dass Grafiken als „Verweistext" genutzt werden können. Die Struktur der verwendeten Klassen und Objekte in unserem Beispiel kann auch grafisch durch das nun erweiterte Klassendiagramm dargestellt werden.

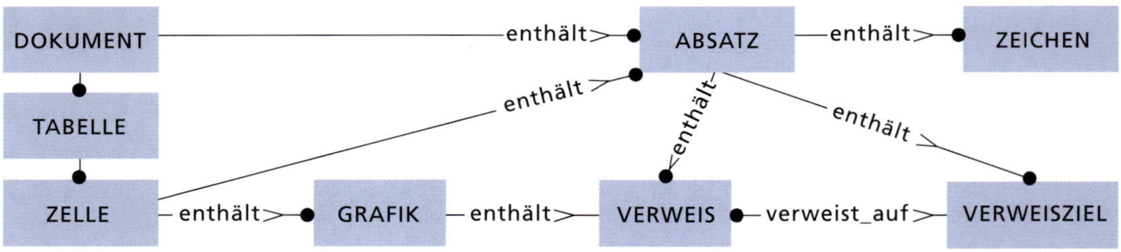

A **1.37** Entwerft in der Profilgruppe eine Hypertextstruktur zu einem gewählten Thema, z.B. „Wirkung von Farbe auf den Menschen". Welche Informationen soll sie enthalten? Wie werden die verschiedenen Seiten miteinander verknüpft? Nutzt dazu die bereits entstandenen Dokumente!

A **1.38** Bildet Gruppen von 2 bis 4 Schülern, die verschiedene Aufgaben zur Erstellung des Hypertextes aus Aufgabe A1.37 übernehmen. Trefft notwendige Absprachen zwischen den Gruppen, etwa zum Layout, aber auch zur Vernetzung der Seiten!

a) Beschreibt, welche VERWEIS-Objekte ihr in die Website einbauen müsst! Auf welche Ziele verweisen diese jeweils? Notiert unter Verwendung der Punktnotation! Erstellt nun die Website!
b) Überprüft die Funktionalität der Website! Hat alles geklappt? Tauscht euch untereinander aus, wie euch die einzelnen Dokumente der anderen Gruppen gefallen. Bearbeitet anschließend noch einmal eure Website, um vielleicht den einen oder anderen Hinweis, den ihr erhalten habt, noch mit zu berücksichtigen!
c) Welche Fragen müssen beachtet werden, bevor ihr ein solches Projekt im Internet veröffentlicht?

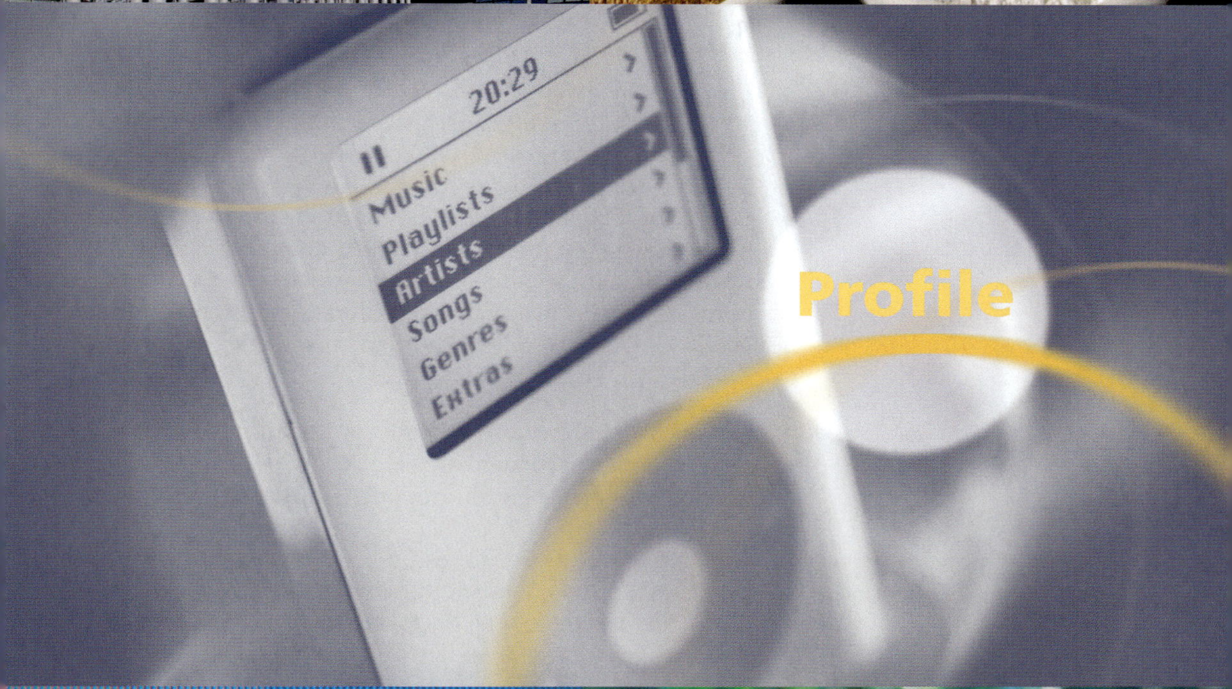

Profile

Fotoinszenierung und Multimedia

Die Abtastverfahren von Scannern werden danach unterschieden, ob die Sensoren zur Erfassung der Daten diese punkt- oder zeilenweise erfassen oder ob ganze Flächen auf einmal abgetastet werden.
Ein weiteres Unterscheidungsmerkmal ist die Anordnung der drei Farbfilter, die sich entweder nebeneinander (parallel) oder hintereinander (seriell) befinden. Digitale Kameras arbeiten mit Flächensensoren und parallelen Farbfiltern.

Um die Möglichkeiten zu nutzen, die die Be- und Verarbeitung von Fotos mithilfe von Computern bietet, muss das Bild in digitaler Form vorliegen. Wenn du keinen digitalen Fotoapparat benutzt und die Fotos in Papierform vorliegen, verwendest du einen Scanner zur Digitalisierung. Damit werden die analogen Daten der Bilder von Sensoren aufgenommen und danach mit Analog-Digital-Wandlern in eine digitale Form gebracht; die Farben werden dabei über Rot-, Grün- und Blaufilter erfasst. Spezielle Einstellungen zur Bilderfassung lassen sich mithilfe der Scannersoftware vornehmen, in jedem Fall kannst du die gewünschte Auflösung und Farbtiefe wählen.

K 1.1 Teste die Bilderfassung mithilfe eines Scanners. Erkunde dabei die Einstellungsmöglichkeiten in der mitgelieferten Scannersoftware! Scanne mit verschiedenen Auflösungen und Farbtiefen, miss die dazu benötigten Zeiten und betrachte die Ergebnisse auf deinem Computerbildschirm! Entscheide dich für eine geeignete Einstellung zur Erfassung von Fotos, die danach ausschließlich für Computerpräsentationen verwendet werden sollen. Begründe deine Entscheidung!

Man spricht von inszenierter Fotografie, wenn das Motiv „konstruiert“ und explizit in Szene gesetzt wurde.

Seit den Anfängen der Fotografie im 19. Jahrhundert etablieren sich Fotoinszenierungen als eine Kunstform. In Fotogalerien werden inszenierte Einzelfotos oder Fotoserien präsentiert.

K 1.2 Finde Beispiele für Fotoinszenierungen verschiedener Genre! Woran lässt sich erkennen, dass es sich um inszenierte Fotografien handelt? Arbeite Merkmale heraus!

K 1.3 Bildet Gruppen zu 3 bis 5 Schülern. Entscheidet euch für ein Thema, zu dem ihr selbst Fotografien inszenieren wollt! Plant mindestens 3 Fotografien zum gewählten Thema und setzt eure Pläne um! Übertragt die Fotos auf einen Computer!

Die Präsentation mithilfe des Computers eröffnet zusätzliche Möglichkeiten, die Fotografien in Szene zu setzen. Einerseits lassen sich die Fotos selbst bearbeiten, andererseits aber auch durch unterlegte Klänge oder andere multimediale Effekte in ihrer Wirkung verstärken oder verfremden.

K 1.4 Wähle eine der Fotografien aus, die du mit deiner Gruppe aufgenommen hast, und bearbeite das Foto! Verändere Farbtiefe und Kontrast, probiere Filter und Beleuchtungseffekte aus und teste die Wirkung von einzelnen Bildausschnitten. Speichere verschiedene Varianten! Entscheide dich für die aus deiner Sicht ausdrucksstärkste Bearbeitung. Arbeitet nun wieder in der Gruppe! Jeder stellt seine ausgewählte Bearbeitung vor und begründet, warum diese dem Anliegen der Inszenierung am besten entspricht. Diskutiert nun, mit welchen multimedialen Mitteln die Wirkung weiter verstärkt werden könnte!

K 1.5 Wähle zu dem von dir bearbeiteten Foto geeignete Klänge, Geräusche, Musik oder auch einen zu sprechenden Text aus! Informiere dich, welche Möglichkeiten zur Digitalisierung von Audiosequenzen in deiner Schule bestehen und welche Software zum Abspielen zur Verfügung steht! Arbeite mit einem Partner oder in der schon gebildeten Gruppe! Erstellt zu eurer Fotoinszenierung jeweils ein passendes digitales Tondokument!

Einbinden eines Klanges in HTML
<embed src="Verweisziel">
z.B.:
<embed src="meinklang.wma">

Einbinden eines Klangs beim Erstellen einer Präsentation mit OpenOffice

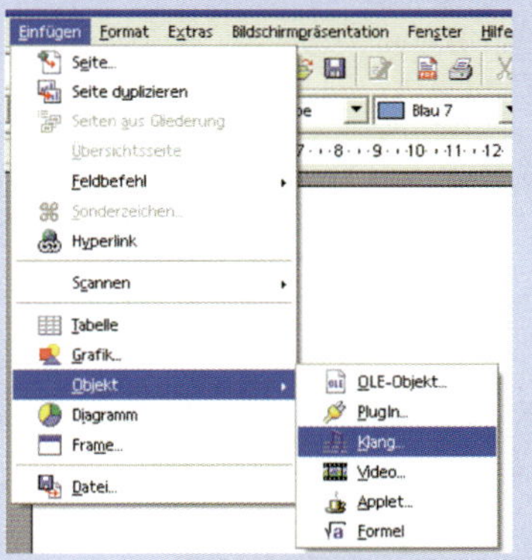

Die weitere Bearbeitung des Kunstobjekts ist nun davon abhängig, wo es präsentiert werden soll. Willst du das Objekt im Internet zugänglich machen, ist ein HTML-Dokument zu erzeugen (↗ Abschnitt 1.6), andernfalls kannst du eine Präsentationssoftware (↗ Abschnitt 1.5) verwenden.

K 1.6 Erstelle nun die Präsentation deiner Fotoinszenierung! Achte auf die Wahl eines geeigneten Hintergrundes bzw. „Bilderrahmens“. Teste, ob Effekte beim Erscheinen oder Ausblenden des Fotos dein Anliegen unterstützen! Entscheide, bei welcher Aktion dein Tondokument abgespielt werden soll! Stelle dein Dokument in deiner Arbeitsgruppe vor und bewertet gegenseitig eure Arbeiten!

K 1.7 Arbeitet in einer Gruppe von 3 bis 5 Schülern und erstellt eine multimediale Fotosequenz oder Fotostory! Gestaltet eine multimediale Vernissage mit den Arbeiten eurer Profilgruppe!

i Neben der Fotoinszenierung in einem Einzelfoto lassen sich über eine Serie solcher Fotos Geschichten erzählen oder komplexere Eindrücke vermitteln.

Heimat Europa – eine große Gemeinschaft

Mitgliedsstaaten der EU und deren Beitrittsjahr

Niederlande	1951
Belgien	1951
Deutschland	1951
Luxemburg	1951
Frankreich	1951
Italien	1951
Dänemark	1973
Großbritannien	1973
Irland	1973
Griechenland	1981
Portugal	1986
Spanien	1986
Österreich	1995
Finnland	1995
Schweden	1995
Estland	2004
Lettland	2004
Litauen	2004
Polen	2004
Tschechien	2004
Slowakei	2004
Ungarn	2004
Slowenien	2004
Malta	2004
Zypern	2004

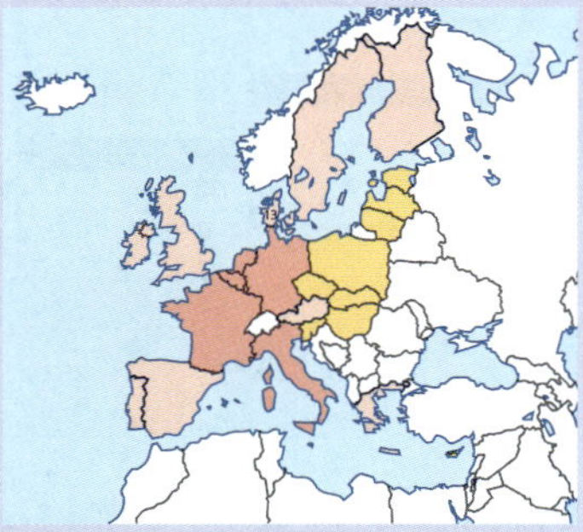

Gründungsländer 1951

Beitrittsländer 1973–1995

Osterweiterung 2004

Die BRD gehört seit 1951 zur EU, die ostdeutschen Bundesländer kamen 1992 hinzu.

Mit der Gründung der „Europäischen Gemeinschaft für Kohle und Stahl" im Jahr 1951 wurde ein wesentlicher Grundstein für die Europäische Union in ihrer heutigen Struktur gelegt. Während damals sechs Staaten zu den Gründungsmitgliedern zählten, hat sich der europäische Integrationsprozess in mehreren Etappen und verschiedenen Formen entwickelt. Im Jahre 2004 traten neben Malta und Zypern (griechischer Teil) acht mittel- und osteuropäische Staaten der EU bei. Somit umfasst dieser Staatenbund nunmehr 25 Länder.
Insbesondere mit der europäischen Osterweiterung wurde der europäische Kulturraum durch weitere Einflüsse wesentlich bereichert.

Es ist ein Multimediadokument zu einem Mitgliedsstaat der Europäischen Union zu erarbeiten. Neben geografischen und politischen Merkmalen sollten auch Informationen zur Geschichte und Kultur des Landes in das Dokument mit aufgenommen werden. Dazu ist es zweckmäßig, in Gruppen zu arbeiten.

G 1.1 Wähle eine Region in der EU, z.B. für Mittel-, Ost-, Nordeuropa oder eine weitere! Finde Mitschüler, die sich für die gleiche Region interessieren. Bildet nun Gruppen von 3 bis 5 Schülern und diskutiert, welches Land aus dieser Region ihr in eurem Multimediadokument vorstellen wollt! Beachtet, dass in der Profilgruppe verschiedene Regionen ausgewählt werden!

Überlegt, welche Inhalte und Elemente ihr in das Multimediadokument aufnehmen wollt. Gestaltet anschließend Medienobjekte verschiedener Medientypen, wie die Landesflagge als Animation, eine Fotocollage zu Sehenswürdigkeiten des Landes oder studiert einen landestypischen Tanz ein und zeichnet diesen als Video auf! Findet weitere Medienobjekte für euer Multimediadokument!

Für die Aufgabe G1.1 habt ihr zur Arbeit mit Objekten der verschiedenen Medientypen unterschiedliche Werkzeuge, also auch Applikationen, genutzt (↗ Abschnitte 1.1 bis 1.4). Sicherlich waren es nicht nur Medienobjekte, die ihr selbst erstellt bzw. geschaffen habt. Auch im Internet findet ihr eine ganze Menge Material für euer Multimediadokument. Beachte jedoch: Nutzt du z. B. Bilder, Animationen, Musik oder Videos aus dem Internet, musst du auch das Urheberrecht beachten. Dieses

Recht regelt den Umgang mit geistigen und schöpferischen Eigentum aus den verschiedensten Gebieten des menschlichen Schaffens.

G 1.2 Informiere dich zum Urheberrecht! Entscheidet in der Gruppe, welche Medienobjekte ihr aus der Materialsammlung für euer Multimediadokument verwenden könnt und welche nicht! Besteht die Möglichkeit, für einzelne Elemente das Recht der Nutzung zu erwerben?

Die Materialsammlung für das zu erstellende Dokument habt ihr nun vollständig.

G 1.3 Verständigt euch in der Gruppe über die Struktur bzw. Gliederung eures Dokuments!

Der nächste Schritt ist die Umsetzung mithilfe des Computers. Dazu müsst ihr ein geeignetes Werkzeug auswählen. Möglich ist die Bearbeitung mit einer Präsentationssoftware (↗ Abschnitt 1.5). Habt ihr eine Hypertextstruktur für die Umsetzung der Aufgabe entworfen, könnt ihr euer Multimediadokument unter Nutzung von HTML oder mithilfe einer geeigneten Software erstellen (↗ Abschnitt 1.6).

G 1.4 Entscheidet euch in der Gruppe für ein geeignetes Werkzeug zur Erstellung eures Multimediadokuments! Informiert euch zu Kriterien für die Auswahl von Schrift und Farben! Gestaltet nun gemeinsam das Layout für euer Dokument!

G 1.5 Legt in eurem Team fest, wie die Erstellung der einzelnen Teile des Multimediadokuments erfolgen soll – einzeln, in Partnerarbeit oder gemeinsam! Entwickelt anschließend die verschiedenen Elemente des Dokuments und führt diese dann zu einen Gesamtdokument zusammen!

Stellt die in der Projektgruppe entstandenen Multimediadokumente gegenseitig vor. Wählt dazu eine geeignete Methode!

1 Folklore aus Tschechien

Hinweise zur Bearbeitung:

Sind alle notwendigen Inhalte ausgewählt? Wie ist es gelungen, diese abzubilden? Wie wirkt die Farb- und Schriftauswahl auf andere? Sind die Medienobjekte gut ausgewählt und angemessen in das Dokument eingebunden?

Um diese oder ähnliche Fragen zu klären, sollte die Meinung der Mitschüler eingeholt werden. Setzt euch mit den Bemerkungen und Hinweisen kritisch auseinander. Überlegt, welche Veränderungen am Dokument noch erfolgen sollen und welche nicht.

Multimediadokument – Ernährung von Sportlern

Sportler, und insbesondere Leistungssportler, benötigen deutlich mehr Energie als Nichtsportler, die sie besonders über eine ausreichend kohlehydrathaltige Ernährung gewinnen. Aber auch andere Nahrungsbestandteile wie Proteine, Vitamine und Mineralsalze haben Auswirkungen auf die sportliche Leistungsfähigkeit.
Dabei gibt es durchaus Unterschiede; diese werden auch von der Art des Sports, den man betreibt, mitbestimmt.

Eine mögliche Einteilung dafür könnte sein:
- Ausdauersportarten,
- Kampfsportarten,
- Spielsportarten,
- Kraftsportarten.

Jeder kann durch das eigene Verhalten selbst mit dazu beitragen, seine Gesundheit und körperliche Leistungsfähigkeit lange zu erhalten. Besonders Bewegung, körperliche Aktivität und vor allem auch Sport sind dabei von großer Bedeutung.

Verschiedene Faktoren beeinflussen unser sportliches Leistungsvermögen. So sind regelmäßiges Training und ein hohes Maß an Disziplin wichtig. Auch Aspekte einer gesunden Ernährung spielen hierbei eine wesentliche Rolle.

S 1.1 Es soll ein Multimediadokument zur gesunden Ernährung von Sportlern erarbeitet werden! Entscheide dich für eine Kategorie von Sportarten (↗ Marginaltext)! Finde Sportarten, die zu dieser Sportartengruppe gehören. Informiere dich nun darüber, wie sich die Ernährung dieser Sportler zusammensetzen sollte!

Mit der Lösung der Aufgabe S1.1 befindest du dich bereits in der Phase der Problemanalyse. Die folgenden Schritte des Problemlöseprozesses (↗ S.26) sollten nun im Team von 3 bis 5 Mitschülern realisiert werden.

1 Kampfsportarten, wie Judo oder Ringen, sind durch vielseitige Anforderungen an Kraft, Ausdauer, Kondition und Koordinationsvermögen charakterisiert. Für die Energiebereitstellung sind ausreichend Kohlehydrate erforderlich. Proteine dienen besonders dem Muskel- und Kraftzuwachs.

S 1.2 Finde Mitschüler, die sich für die gleiche Sportartengruppe entschieden haben und bildet Gruppen von 3 bis 5 Schülern!
Vergleicht eure Ergebnisse aus Aufgabe S1.1; entscheidet, welche Inhalte und Elemente ihr in das Multimediadokument aufnehmen wollt! Verständigt euch nun über die Struktur bzw. Gliederung eures Dokuments!

Ihr habt die Inhalte und die Struktur des zu erstellenden Multimediadokuments festgelegt. Der nächste Schritt ist die Umsetzung mithilfe des Computers. Dazu müsst ihr ein geeignetes Werkzeug auswählen.

Möglich ist die Bearbeitung mit einer Präsentationssoftware (↗ Abschnitt 1.5). Habt ihr eine Hypertextstruktur für die Umsetzung der Aufgabe entworfen, könnt ihr euer Multimediadokument unter Nutzung von HTML oder mithilfe einer geeigneten Software erstellen (↗ Abschnitt 1.6).

S 1.3 Entscheidet euch in der Gruppe für ein geeignetes Werkzeug zur Erstellung eures Multimediadokuments! Informiert euch zu Kriterien für die Auswahl von Schrift und Farben. Gestaltet nun gemeinsam das Layout für euer Dokument!

S 1.4 Legt in eurem Team fest, wie die Erstellung der einzelnen Teile des Multimediadokuments erfolgen soll: einzeln, in Partnerarbeit oder gemeinsam! Entwickelt anschließend die verschiedenen Elemente des Dokuments und führt diese dann zu einen Gesamtdokument zusammen!

Mit dieser „abschließenden" Bearbeitung eures Multimediadokuments ist der Problemlöseprozess noch nicht beendet. Habt ihr alle notwendigen Inhalte ausgewählt? Wie ist es euch gelungen, diese abzubilden? Wie wirkt eure Farb- und Schriftauswahl auf andere? Sind die Medienobjekte gut ausgewählt und angemessen in das Dokument eingebunden? Um diese oder ähnliche Fragen zu klären, soll die Meinung der Mitschüler eingeholt werden!

S 1.5 Legt in der Profilgruppe gemeinsam einen Katalog fest, der Kriterien für ein „gutes Multimediadokument" zusammenfasst! Arbeitet nun wieder im Team. Findet eine Gruppe, mit der ihr die Multimediadokumente tauscht! Betrachtet das euch nun vorliegende Dokument unter dem Blickwinkel des vereinbarten Kriterienkataloges! Formuliert, welche Kriterien eurer Meinung nach gut umgesetzt wurden, und solche, wo es nicht so gut gelungen ist. Notiert wichtige Hinweise! Tauscht anschließend die Bemerkungen und Hinweise aus!

Ihr habt das Ergebnis aus Aufgabe S1.5 für euer Multimediadokument vorliegen.

S 1.6 Setzt euch mit diesen Bemerkungen und Hinweisen kritisch auseinander! Überlegt in der Gruppe, welche Veränderungen am Dokument noch erfolgen sollen und welche ihr nicht umsetzen wollt. Überarbeitet nun euer Dokument!

i Neben grundsätzlichen Informationen zur gesunden Ernährung von Sportlern können im Multimediadokument auch Angaben zur anteiligen Ernährung bezogen auf die Inhaltsstoffe und die jeweilgen Sportartengruppe, bis hin zu Ernährungsplänen für Sportler, zusammengefasst werden.

Aber auch die Tatsache, dass ein zu starkes Ausrichten der Ernährung auf das Körper- bzw. Wettkampfgewicht gesundheitliche Gefahren und Risiken birgt, kann thematisiert werden.
Gerade bei Sportarten, deren Wettkämpfe in Gewichtsklassen durchgeführt werden, spricht man vom sogenannten „Gewicht machen"; d.h., vor Wettkämpfen wird die Ernährung und Trainingsbelastung so angepasst, dass der Körper binnen kurzer Zeit oft mehrere Kilogramm an Körpergewicht verliert.

Zunehmend sind auch weitere Sportarten betroffen – so hungerten sich Skispringer auf ein leichtes Fluggewicht. Die Folge waren u.a. notwendige Regeländerungen.
Auch im Eiskunstlaufen wurden schon ähnliche Fälle bekannt.

Die Folge können Essstörungen sein, wie:
- Magersucht,
- Ess-Brech-Sucht (Bulimie),
- Esssucht (Fettsucht).

Digitale Medien

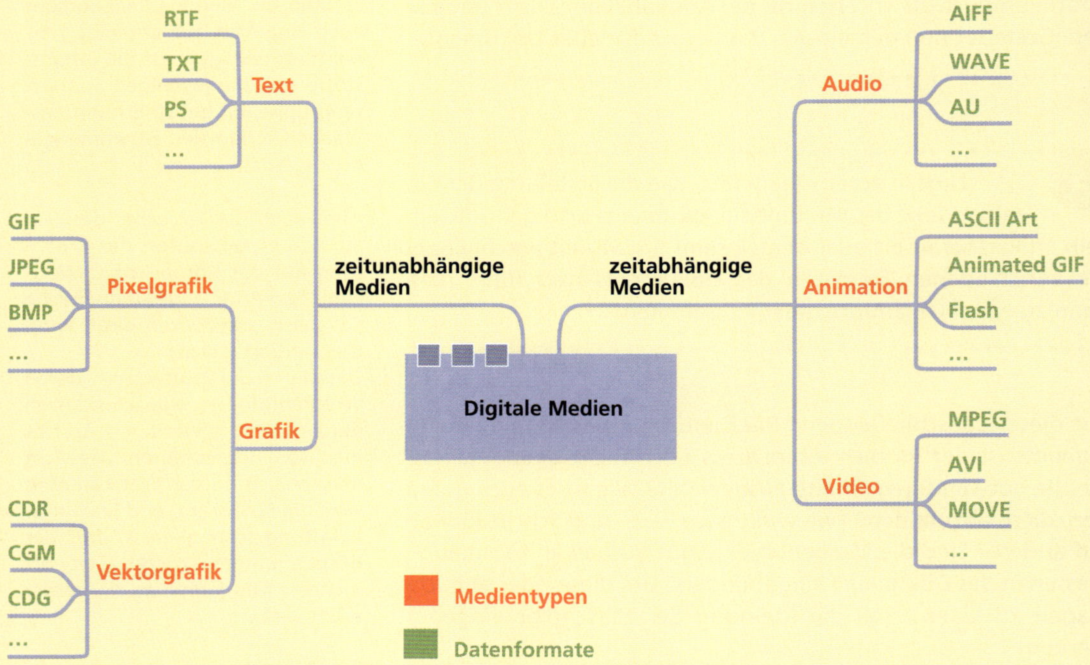

Multimedia kombiniert mehrere Medien in einem Dokument. Darin sind mindestens zwei Medientypen vereint, die durch unterschiedliche Sinne erfasst werden.

Das **Erstellen von Multimediadokumenten** ist eine Form des informatischen Problemlösens:

Problemanalyse → Modellbildung → Implementation → Reflexion

Multimediadokumente dienen der Darstellung und somit der **Abbildung von Informationen in Daten**. Diese Informationen können unterschiedlich strukturiert sein.

Bei **Hypertexten** handelt es sich um ein System von verschiedenartigen Informationen, deren Zusammenhänge nichtlinear dargestellt sind und die einen Zugriff aufeinander ermöglichen. Diese Zugriffe werden über Verknüpfungen (Verweise, Links) realisiert.

Multimediadokumente können mithilfe von **Präsentationsprogrammen** oder **Autorensystemen** erstellt werden. Dabei besteht eine gewisse Produktabhängigkeit.
Alternativ gibt es auch Möglichkeiten, produkt- bzw. plattformunabhängig zu arbeiten. Eine solche ist das Erstellen von Hypertexten unter **Verwendung von HTML.**

2 Daten und Datenbanken

2.1 Daten, Informationen und Modelle

Als **„Informationszeitalter"** oder **„Informationsgesellschaft"** bezeichnet man die derzeitige Entwicklungsetappe in der menschlichen Geschichte. Sie löst zunehmend die sogenannte Industriegesellschaft ab. Das heißt nicht, dass es in Zukunft keine Industrie mehr geben wird, aber der Schwerpunkt verlagert sich. Dieser Prozess begann etwa in der zweiten Hälfte des 20. Jahrhunderts. Gekennzeichnet ist diese Entwicklung durch den zunehmenden Einfluss von Information, Kommunikation und einer damit verbundenen weltweiten Vernetzung.

Immer wieder spricht man vom „Informationszeitalter", von der „Informationsgesellschaft" oder von der sogenannten „Informationsflut". Gemeint sind damit oftmals Informationen, auf die man in digitalisierter Form zugreifen kann. Somit sind es nicht die Informationen, die man erhält. Es sind Daten, die durch unsere Interpretation zu Informationen werden. Aber, sind das auch tatsächlich die Informationen, die jemand durch diese Daten mitteilen wollte? Der eben aufgeworfenen Frage soll mit einem kleinen Experiment nachgegangen werden:

A 2.1 Denke dir eine kurze Botschaft aus, die du deinem Mitschüler geben willst, z. B. „Rauchen schadet der Gesundheit". Diese Botschaft soll ohne die Verwendung von Text gestaltet werden! Wähle nun eine geeignete Applikation. Bilde die Botschaft, also die Information ab. Tauscht die so entstandenen Dokumente aus und interpretiert diese gegenseitig! Ist es dir in jedem Fall gelungen, die Botschaft deiner Mitschüler richtig zu erkennen? Wurde deine Botschaft verstanden?

1 Eine Wettervorhersage per SMS kann für die Reiseplanung nützlich sein.

Es gelingt nicht immer, Informationen so weiterzugeben, dass der Partner diese sofort richtig versteht beziehungsweise interpretiert; sei es manchmal einfach dadurch, dass man nicht die richtigen Worte findet, um das auszudrücken, was man eigentlich sagen will. Besonders bei der Nutzung von Computern besteht dieses Problem.

Mithilfe von Computern werden Informationen in unterschiedlicher Art und Weise abgebildet. In diesem Abbildungsprozess entstehen Daten, die diese Informationen repräsentieren. Diese Daten werden wiederum unter Verwendung verschiedenster Applikationen verarbeitet. Letztendlich werden sie dargestellt oder präsentiert. Somit entstehen aus den abgebildeten Daten wieder neue Informationen.

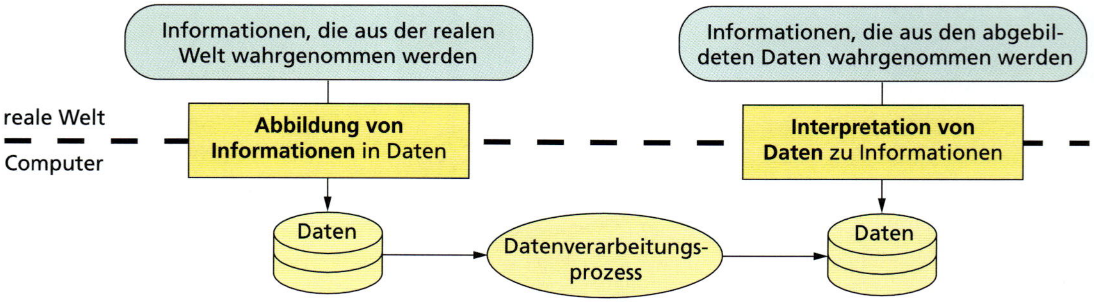

Durch den beschriebenen Abbildungsvorgang entsteht eine Repräsentation der Informationen durch Daten.

Daten sind **Repräsentanten** von Informationen. Die Daten werden mithilfe von Computern verarbeitet **(Datenverarbeitungsprozess).** Durch die **Interpretation** der Daten werden diese anschließend wieder zu Informationen.

Repräsentation (lat. repraesentare) bedeutet „vergegenwärtigen", auch „Vertretung" oder „stellvertretend". Ein **Repräsentant** steht somit stellvertretend für irgendetwas. Dieser Begriff wird beispielsweise bei Staatsbesuchen verwendet. Die Regierung beziehungsweise der Staatsgast repräsentiert sein Land. In der Informatik stehen die Daten stellvertretend – also als Repräsentanten – für die Ursprungsinformationen.

Ein wesentliches Merkmal für die Güte eines solchen Abbildungs- und Interpretationsprozesses ist es, dass eine möglichst große Übereinstimmung herrscht zwischen den Informationen, die aus der realen Welt gewonnen und durch die Daten repräsentiert werden, und den Informationen, die der Nutzer aus den abgebildeten und verarbeiteten Daten auf der Maschine gewinnt. Dazu ist es notwendig, dass die abgebildeten Daten die ursprünglichen Informationen für die konkrete Problemstellung treffend repräsentieren. Das Ergebnis eines solchen Abbildungsprozesses ist ein Modell.

Ein **Modell** ist eine vereinfachte Beschreibung eines realen oder geplanten Systems. Das heißt, es gibt mehrere Objekte, die durch bestimmte Beziehungen miteinander verbunden sind und klar von ihrer Umwelt oder von anderen Modellen abgegrenzt werden können. Den Abbildungsvorgang vom realen „System zum Modell" bezeichnet man als **Modellbildung** oder auch als **Modellierung.**

„Vereinfachte Beschreibung" bedeutet, dass Wesentliches von Unwesentlichem getrennt wird. Das Schema ↗ S.54 ist ein Modell für die Informationsverarbeitung mit dem Computer. Modelle sind beispielsweise auch alle Klassen- und Objektdiagramme, die du im Verlaufe des Informatikunterrichts kennengelernt hast.

N 2.2 Nenne und Beschreibe dir bekannte Modelle aus dem naturwissenschaftlichen Bereich (z.B. geozentrisches oder heliozentrisches Weltbild, Atommodell ...)! Analysiere die Modelle und fasse wesentliche Eigenschaften von Modellen zusammen!

Auch bei informatischen Modellen müssen wesentliche von unwesentlichen Merkmalen in Bezug auf die Aufgabenstellung der Modellierung getrennt werden.
Informatische Modelle unterscheiden sich jedoch in einem wesentlichen Punkt von anderen Modellen. Sie werden geschaffen, um eine Behandlung des Problems auf dem Computer zu ermöglichen. Somit müssen diese Modelle auch so aufbereitet sein, dass sie auf der Maschine implementiert und anschließend bearbeitet werden können.

Implement (lat.) heißt „Ergänzung", auch „Erfüllung" oder „Vollziehung". Unter dem **Implementieren eines Modells** (z.B. eines neuen Programms oder einer Kalkulation für Berechnungen) versteht man, dass das System um dieses Modell ergänzt wird. Es wird also mithilfe einer Progammierumgebung bzw. einer anderen Software für eine Nutzung auf dem Rechner oder auf dem Computersystem ergänzt.

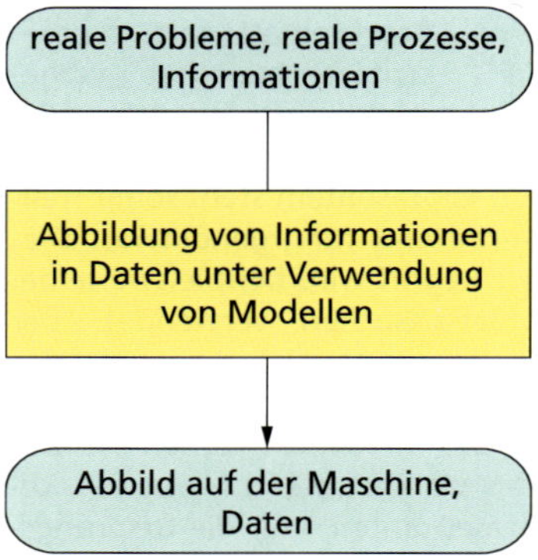

1 Modellierung in der Informatik

Oft nutzt man dazu vorhandene Software, wie typische Anwendungsprogramme. Mitunter ist es aber notwendig, dass man selbst ein Programm schreiben muss.

Letztendlich gilt: Ob fertige Anwendungen oder selbstentwickelte Programme, diese basieren auf der Umsetzung von Algorithmen.

Mithilfe von Computern werden Modelle bearbeitet, die Ausschnitte der realen Welt widerspiegeln.
Forderungen an ein informatisches Modell:
- Trennung wesentlicher von unwesentlichen Merkmalen des Wirklichkeitsausschnittes entsprechend dem Ziel der Modellbildung
- Formulierung des Modells entsprechend der zur Verfügung stehenden Informatiksysteme
- Kenntnis zu den Grenzen des Modells
- Das Modell muss einer algorithmischen Behandlung zugänglich sein.

A 2.3 In Aufgabe A2.1 hast du eine Botschaft mithilfe einer selbstgewählten Applikation abgebildet. Nutze dein so entstandenes Dokument und erläutere daran die Begriffe „Information", „neue Information", „Daten" und „Modelle"!

Modelle lassen sich im Allgemeinen ändern oder manipulieren. Dadurch wird es möglich, das Verhalten von Systemen oder Objekten bei einer Änderung von Einflussgrößen zu beobachten. Unter Verwendung einer Kalkulation ist es z.B. möglich, für einen Kredit unter Veränderung der Eingangsgrößen wie Laufzeit, Zinssatz oder monatliche Rate die notwendigen Daten zu berechnen und somit den Kreditverlauf zu simulieren (↗ Bild 2). Jedes Modell ist das Ergebnis einer Abstraktion. Es werden also immer wesentliche Merkmale abgebildet, für das Problem Unwesentliches fehlt (bewusst). Das Modell und letztendlich seine Realisierung auf dem Computer kann nur das leisten, was der Entwickler berücksichtigt hat!

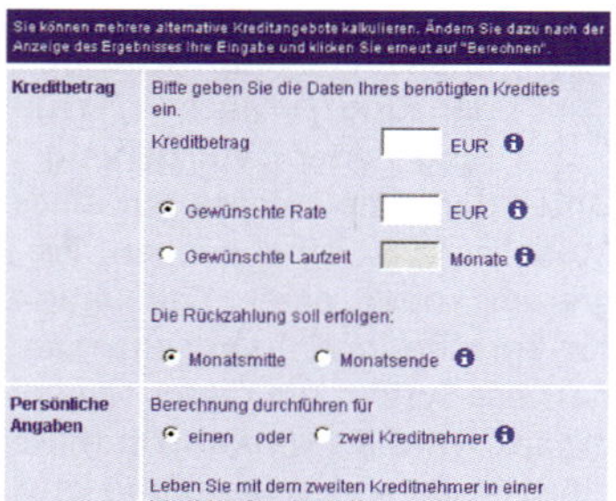

2 Ausschnitt eines Onlinerechners für einen Privatkredit einer Bank

Für die Beschreibung und Nutzung von Anwendungsprogrammen haben wir bisher das objektorientierte Modell genutzt. Für den Umgang mit großen Datenmengen, für diese **Datenmodellierung,** sind (historisch gewachsen) zwei weitere Modelle von Bedeutung – das **Entity-Relationship-Modell** und das **relationale Modell.** Auf diese Modelle und die damit verbundene **relationale Datenmodellierung** werden wir im Folgenden eingehen.

2.2 Datenbanksysteme

Himmelsbeobachtungen faszinierten schon Generationen von Astronomen. Allein in unserem Sonnensystem existieren eine Vielzahl von Himmelskörpern. Charakterisiert werden diese durch spezifische Eigenschaften. Du kannst sicherlich schnell feststellen, dass bei der Erfassung von Daten zu diesem Problembereich eine große Datenmenge zu bearbeiten ist.
Für die Erfassung und Verarbeitung großer Datenmengen werden zunehmend Datenbanken genutzt.

1 Die Daten der Himmelskörper unseres Sonnensystems können in einer Datenbank erfasst und anschließend ausgewertet werden.

Ein **Datenbanksystem** ist eine systematische und strukturierte Zusammenfassung von Daten eines Problembereiches **(Datenbasis)** einschließlich der zur Eingabe, Verwaltung, Auswertung und Ausgabe erforderlichen Software **(Datenbankmanagementsystem, DBMS).**

Datenbanksystem = Datenbasis + DBMS

Nach der Modellierung der verwalteten Daten unterscheidet man:
- relationale Datenbanken,
- hierarchische Datenbanken und
- Netzwerk-Datenbanken.

Bei der Arbeit mit Datenbanken ergeben sich zwei Schwerpunkte. Zum einen ist das die Planung und praktische Umsetzung einer Datenbank. Um eine neue Datenbank zu entwerfen, benötigt man ein Denkmodell, das es erlaubt, die Objekte der realen Welt im Computer sinnvoll abzubilden. Mit der am häufigsten verwendeten „relationalen Datenmodellierung" werden wir uns in den Abschnitten 2.3 und 2.4 ausführlich beschäftigen. Den zweiten Schwerpunkt bildet die Auswertung einer existierenden Datenbasis, die weitere Verarbeitung der Daten. Diese Aufgabe wird unter Nutzung eines DBMS realisiert (Abschnitt 2.5).

Zu den bekannten (relationalen) Datenbankmanagementsystemen gehören:

Oracle ORACLE
(plattformübergreifend, für UNIX mit PC-Clients)

MySQL MySQL
(plattformübergreifend, für alle gängigen Betriebssysteme)

MS Access
(für Windows, Komponente von Microsoft Office)

Aufgaben eines Datenbankmanagementsystems
- zentrale Speicherung und einheitliche Verwaltung von Daten eines Problembereiches
- Dienstleistung des Datenzugriffs unter Verwendung von Datenbanksprachen
- Mechanismen der Datensicherheit (Kontrolle der Legalität des Zugriffs auf die Datenbasis, Maßnahmen zur Datensicherheit)

Im Folgenden soll das dir zur Verfügung stehende DBMS genauer betrachtet und diese für dich neue Applikation objektorientiert beschreiben werden.

A 2.4 Starte das dir zur Verfügung stehende DBMS! Dein Lehrer hat dir eine Beispieldatenbank zur Verfügung gestellt. Öffne diese Datenbank! Zu welchen Problembereich wurden die Daten in dieser Datenbank erfasst? Welche Klassen erkennst du? Wie viele Objekte der Klasse TABELLE enthält diese Datenbank?

Ein DBMS stellt mindestens vier Klassen von Hilfsmitteln zur Arbeit mit Datenbanken zur Verfügung:
- **TABELLE** zum Entwurf der Struktur der Datensätze,
- **FORMULAR** zur Eingabe der Attributwerte der Datensätze,
- **ABFRAGE** zum Suchen und Filtern von Daten aus einer oder mehreren Tabellen sowie für Berechnungen,
- **BERICHT** zur nutzerfreundlichen Ausgabe der Daten auf der Basis einer Abfrage.

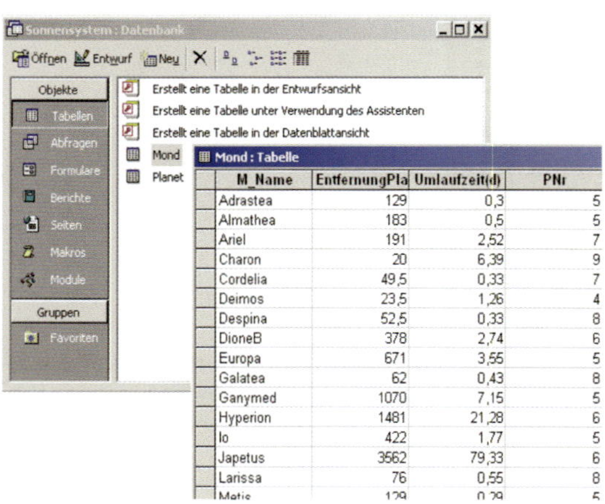

Eine der wichtigsten Klassen im Umgang mit DBMS ist die Klasse **TABELLE.** Für unser betrachtetes Beispiel „Sonnensystem" wurden letztendlich zwei Tabellen notwendig. Dies sind einmal die Tabellen zur Erfassung der Planetendaten und schließlich die Daten der Monde.
Die Klasse TABELLE in deinem DBMS ist ein „Bauplan" für die Konstruktion einer Tabelle. Bei der Erzeugung einer Tabelle werden die Struktur und wesentliche Eigenschaften dieser festgelegt, insbesondere Attribut- und Wertebereichslisten für reale Objektmengen wie PLANET oder MOND.

Im Ergebnis erhälst du eine „leere Tabelle", in der die Datensatzstruktur festgelegt ist. Im Abschnitt 2.4 wird ausführlich beschrieben, wie Objekte der Klasse TABELLE in einem DBMS definiert werden.
In diesem Abschnitt wollen wir mit bereits existierenden Tabellen arbeiten. Um dies fehlerfrei tun zu können, ist es notwendig, sich deren Struktur etwas genauer anzuschauen. Somit kannst du nachvollziehen, welche Attribute und Methoden die Klasse TABELLE besitzt.

i Die Klasse TABELLE des DBMS ist nicht zu verwechseln mit den konkreten, ausgefüllten Tabellen, die letztlich Objektmengen beschreiben. Ähnliches gilt auch für die anderen Klassen des DBMS.

A 2.5 Nutze die dir zur Verfügung stehende Datenbank oder nebenstehende Darstellung! Beschreibe, welche Festlegungen notwendig sind, um ein Objekt der Klasse TABELLE im DBMS zu erzeugen! Entwirf eine Klassenkarte und beschreibe ein Objekt der Klasse TABELLE mittels einer Objektkarte, z.B. für Planet:TABELLE!

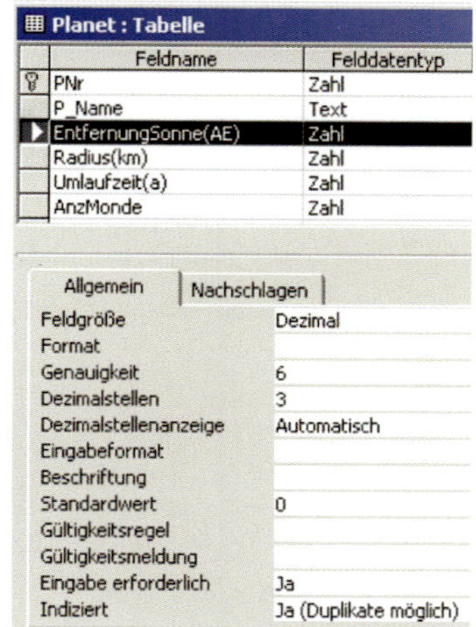

Ein wichtiges Hilfsmittel zur Eingabe der Daten ist die Klasse **FORMULAR.** Mit einem Formular kannst du insbesondere die Dateneingabe für den Nutzer übersichtlich gestalten. Wie auch bei der Erzeugung von Objekten anderer Klassen stellt dir dein DBMS für den Entwurf von Formularen zwei Herangehensweisen zur Verfügung:

Zum einen ist es möglich, einen sogenannten Assistenten zu nutzen. Zum anderen besteht für dich die Möglichkeit, die Elemente und die Struktur eines Formulars selbst zu definieren.

Dafür solltest du jedoch schon etwas Übung und Erfahrung im Umgang mit Datenbanken besitzen. Für unsere Beispieldatenbank kannst du nun beispielsweise die Monde der Planeten mittels Formular eintragen.

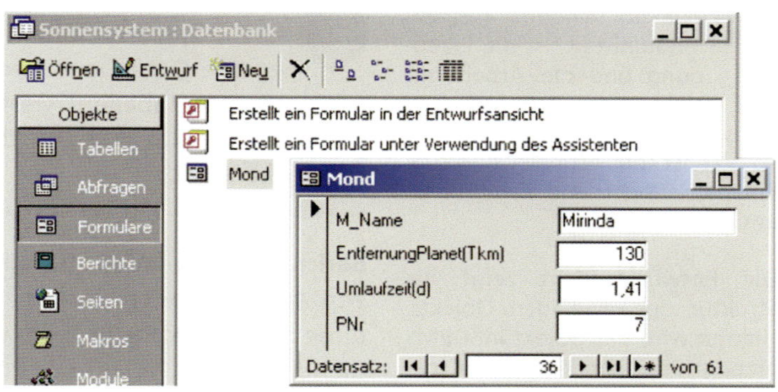

Dargestellt ist das schon fertige Formular „Mond“, welches sich auf die gleichnamige Tabelle bezieht.

A 2.6 Nutze die durch deinen Lehrer zur Verfügung gestellte Datenbank und wähle dir eine Tabelle aus, für deren Dateneingabe du ein Formular nutzen möchtest! Gestalte nun unter Verwendung eines Assistenten oder auch unter Verwendung der Entwurfsansicht ein geeignetes Formular! Trage anschließend weitere Datensätze in die Tabelle ein!

In einer Datenbank werden mehrere Tabellen zusammengefasst, weil sie in Beziehung zueinander stehen. Auch Formulare beziehen sich nicht unbedingt nur auf eine Tabelle, du kannst sie auch zur Auswertung der Datenbasis nutzen, wenn du mehrere Tabellen oder deren Teile einbeziehen willst. Dafür müssen aber vorher Objekte der Klasse **ABFRAGE** erzeugt werden.

Die folgende Abbildung zeigt beispielsweise eine Abfrage, die neben ausgewählten Monddaten auch den Planeten mit angibt, den der jeweilige Mond umkreist. Es sind Daten aus den Objekten Planet:TABELLE und Mond:TABELLE zusammengefasst.

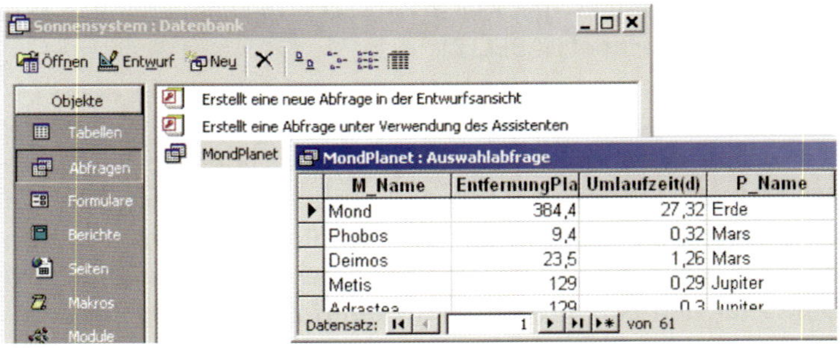

Wie du sicherlich feststellen konntest, ist die Erzeugung und die Arbeit mit den Objekten der verschiedenen Klassen in einem DBMS ähnlich. So kannst du oftmals zwischen Entwurfsansicht und Datenblattansicht wechseln.

Die **Entwurfsansicht** zeigt die Struktur des jeweiligen Objekts. Hiermit wird das Objekt im DBMS erzeugt und man kann auch später Korrekturen an dieser Struktur vornehmen.

Die **Datenblattansicht** zeigt alle eingegebenen Daten in tabellarischer Form.

2.7 Nutze die durch deinen Lehrer zur Verfügung gestellte Datenbank und erzeuge eine Abfrage über eine oder mehrere Tabellen! Gestalte anschließend ein geeignetes Formular, um das Ergebnis dieser Abfrage übersichtlich einsehen zu können!

Berichte sind ebenfalls für eine nutzerfreundlichen Darstellung von Abfrageergebnissen geeignet – insbesondere dann, wenn diese in ausgedruckter Form weiterverwendet werden. Berichte dienen darüber hinaus der Präsentation von Daten aus der Datenbank.

2.8 Verwende die durch deinen Lehrer zur Verfügung gestellte Datenbank. Erstelle einen Bericht, der ein Verzeichnis über alle Objekte einer in der Datenbank enthaltenen Objektmenge darstellt, beispielsweise eine Zusammenstellung aller Planeten unseres Sonnensystems! Gestalte diesen Bericht als übersichtliche Zusammenfassung!

2.9 Öffne die zur Verfügung stehende Datenbank mit deinem DBMS oder nutze die Datenbank „Sonnensystem"! Nenne alle Objekte der Klassen TABELLE, ABFRAGE, FORMULAR und BERICHT dieser Datenbank!
Erstelle ein Klassendiagramm, welches die Beziehungen zwischen TABELLE, FORMULAR, ABFRAGE, BERICHT unter Einbeziehung von DATENBANK, DATENSATZ und DATENFELD aufzeigt!

2.3 Relationale Datenmodellierung

Im Prozess der Datenmodellierung gibt es verschiedene Möglichkeiten, ein Modell zweckmäßig zu formulieren, um es anschließend zu implementieren. Im Bereich der Datenbanken hat sich eine für diese Problematik spezifische Modellierungsmethode etabliert – die **relationale Datenmodellierung.**

Das relationale Modell für Datenbanksysteme geht zurück auf E. F. CODD (1923–2003). Er beschrieb 1970 in „The Relational Model of Data for Large Shared Data Banks" diese Art von Datenmodell.

Es kommen zwei unterschiedliche Modelle, aber auch zwei unterschiedliche Modellebenen zur Anwendung. Diese sind:

1. das uns **unterstützende Modell der Objektorientierung** zur besseren Veranschaulichung in der Arbeit mit Standardanwendungen, hier dem DBMS; und
2. das **informatische Modell,** welches du selbst erstellst, um es anschließend auf dem Computer zu implementieren und zu nutzen.

Im Folgenden wird letztere Art der Modellbildung behandelt.

Es ist oftmals zweckmäßig, Daten eines Problembereiches systematisch zusammenzufassen und zentral zu verwalten. Als Beispiel für einen solchen Problembereich soll unser Sonnensystem etwas genauer betrachtet werden.

N 2.10 Bildet Gruppen von 3 bis 5 Schülern! Diskutiert, welche Daten eurer Meinung nach zu unserem Sonnensystem erfasst und verwaltet werden müssen. Nutzt und erweitert dazu gegebenenfalls das bereits betrachtete Beispiel „Sonnensystem"!
Fasst das Ergebnis eurer Diskussion zusammen und veranschaulicht es z. B. unter Nutzung eines Flipcharts übersichtlich! Stellt das Ergebnis eurer Arbeit der Klasse vor!
Welche Gemeinsamkeiten und welche Unterschiede haben die Entwürfe der verschiedenen Gruppen?

Sicherlich hast du festgestellt, dass neben den Eigenschaften zu Planeten und Monden weitere Daten, wie Informationen zu den Atmosphären der Planeten, erfasst werden können. Aber auch Daten von Weltraumprogrammen, die zu Planeten oder Monden führten, können in unserem Problembereich „Sonnensystem" mit aufgenommen werden.
Alle Monde mit ihren konkreten Eigenschaften werden als Menge zusammengefasst und bilden formal eine Objektmenge Mond. Dazu gehört beispielsweise Phobos, einer der beiden Monde des Mars.

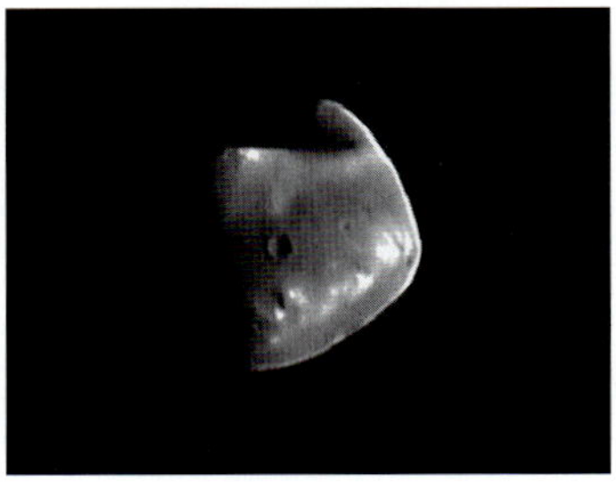

1 Marsmond Phobos

1 Mars-Rover „Opportunity“ erkundet den roten Planeten.

Gleiches gilt für die Planeten, die Atmosphären und die Weltraumprogramme. Für unsere Datenbank „Sonnensystem“ ergibt sich somit beispielsweise folgende Zusammenfassung:

Objektmenge	Eigenschaften
Planet	Name des Planeten, Entfernung zur Sonne (in AE), Äquatorradius (in km), Umlaufzeit (in Bezug zur Umlaufzeit der Erde), Anzahl der Monde, Existenz einer Atmosphäre
Mond	Name des Mondes, Entfernung zum Planet (in Tkm), Umlaufzeit (in d)
Atmosphäre	vorherrschende Stoffe in der Atmosphäre, Bemerkungen zur Atmosphäre
Programm	Name des Weltraumprogramms, der Organisation/des Staates, Beginn und Ende

Übersichtlich ist die Darstellung in einem Diagramm. Hier findest du die Objektmengen und deren Eigenschaften wieder:

Es ist bereits an dieser Stelle zweckmäßig, z.B. jedem Planeten oder jedem Weltraumprogramm eine interne Nummer zuzuordnen. Damit wird es möglich, alle Objekte der jeweiligen Objektmenge auch eindeutig zu identifizieren.

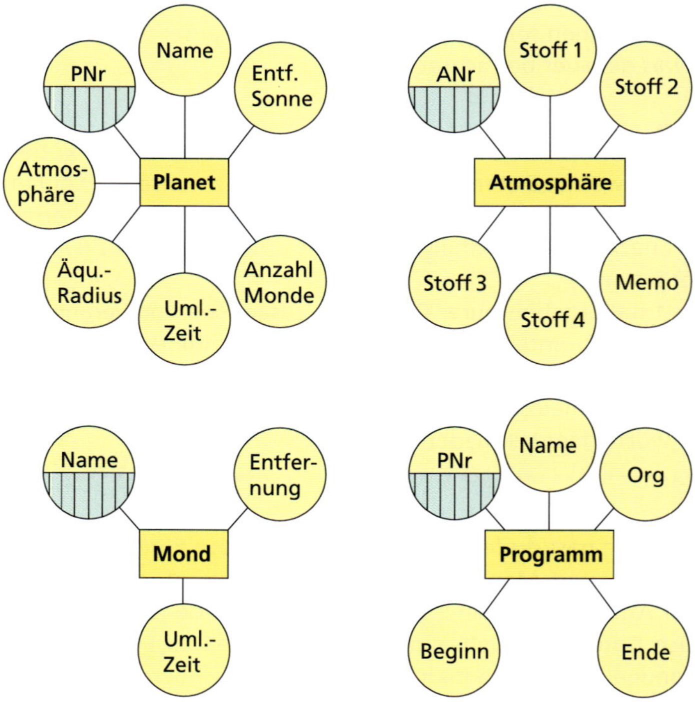

Die grafischen Elemente in einem solchen Diagramm werden durch festgelegte Symbole dargestellt. Allgemein verwendet man dafür folgende Begriffe:

Eine **Entität (Entity)** ist ein konkretes, eindeutig identifizierbares Datenobjekt (z.B. Objekt, Individuum, Begriff, Ereignis).
In einer **Entitymenge (Entityklasse)** werden Entitäten mit gleichen Eigenschaften zusammengefasst.
Eigenschaften einer Entitymenge bezeichnet man als **Attribute.** Den konkreten zugeordneten Wert einer Entität zu einem Attribut nennt man **Attributwert.**
Ein **(Primär-)Schlüssel** setzt sich aus einer (minimalen) Menge von Attributen einer Entität zusammen und dient der eindeutigen Identifikation dieser.

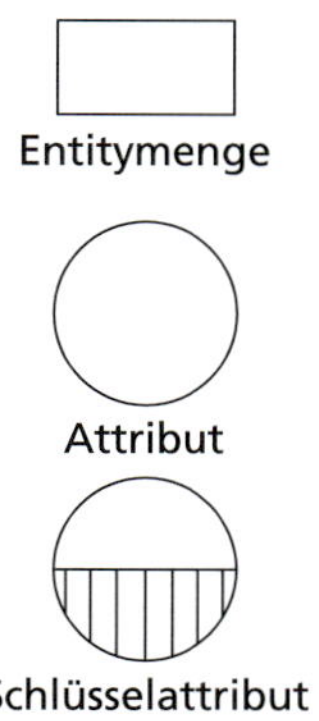

1 Symbole im ER-Modell (↗ S. 64)

N 2.11 Übertragt das in eurer Gruppe entstandene Modell (vgl. Aufgabe N 2.10) in ein Diagramm unter Verwendung der Symbole für Entitymenge, Attribut und Schlüsselattribut.

Zwischen den verschiedenen Entitymengen und den damit verbundenen konkreten Entitäten existieren Beziehungen. Beispielsweise kreist ein Mond um einen bestimmten Planeten, somit gibt es eine **Mond-kreist_um-Planet-Beziehung.**

i Bereits jetzt lässt sich unser Beispiel implementieren und auch punktuell bearbeiten oder auswerten.

Die Beziehung zwischen Entitymengen und somit den konkreten Entitäten heißt **Relationship.** Auch Relationships können Attribute besitzen.

2 Symbol im ER-Modell (↗ S. 64)

Beziehungen zwischen Entitymengen besitzen eine weitere, wesentliche Eigenschaft – die **Kardinalität.**

Kardinalität	Beschreibung und Darstellung	
1:1-Beziehung	Jeder Entität der Entitymenge A wird genau eine Entität der Entitymenge B zugeordnet und umgekehrt.	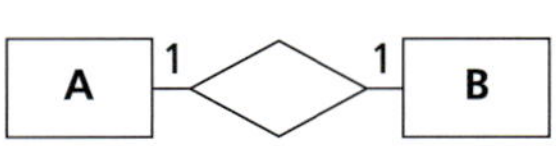
1:n-Beziehung	Jeder Entität der Entitymenge A können mehrere Entitäten der Entitymenge B zugeordnet werden; umgekehrt kann jedoch jeder Entität der Menge B nur genau eine Entität der Menge A zugeordnet werden.	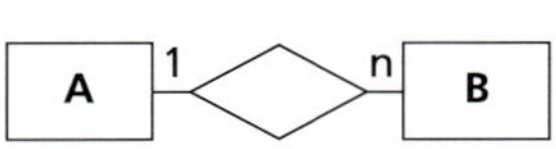
n:m-Beziehung	Jeder Entität der Entitymenge A können mehrere Entitäten der Entitymenge B zugeordnet werden und umgekehrt.	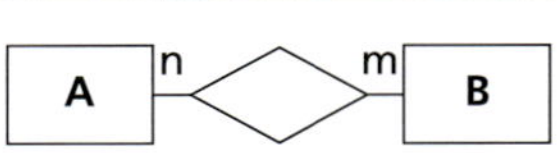

Eine Atmosphäre ist ein Gemisch von Gasen, welches einen Himmelskörper umgibt – z.B. Sterne, Planeten und sogar manche Monde. Dazu ist es notwendig, dass die Gravitationskraft stark genug ist, um diese Gashülle zu halten. Verschiedene Planeten haben ähnliche Atmosphären, wie Uranus und Neptun oder Jupiter und Saturn.

Für die **Mond-kreist_um-Planet-Beziehung** gilt: Ein Mond gehört zu genau einem Planeten, aber ein Planet kann mehrere Monde besitzen. Es handelt sich um eine 1: n-Beziehung.

Ein Weltraumprogramm kann mehrere Planeten oder Monde zum Ziel haben, ein Planet oder ein Mond wiederum kann auch selbst Ziel mehrerer solcher Programme sein. Die Beziehungen **Programm-erforscht-Planet** und **Programm-besucht-Mond** sind jeweils n:m-Beziehungen.

Alle im Zusammenhang mit der Beschreibung der Beziehungen betrachteten Eigenschaften werden auch in die grafische Darstellung des Modells mitaufgenommen.

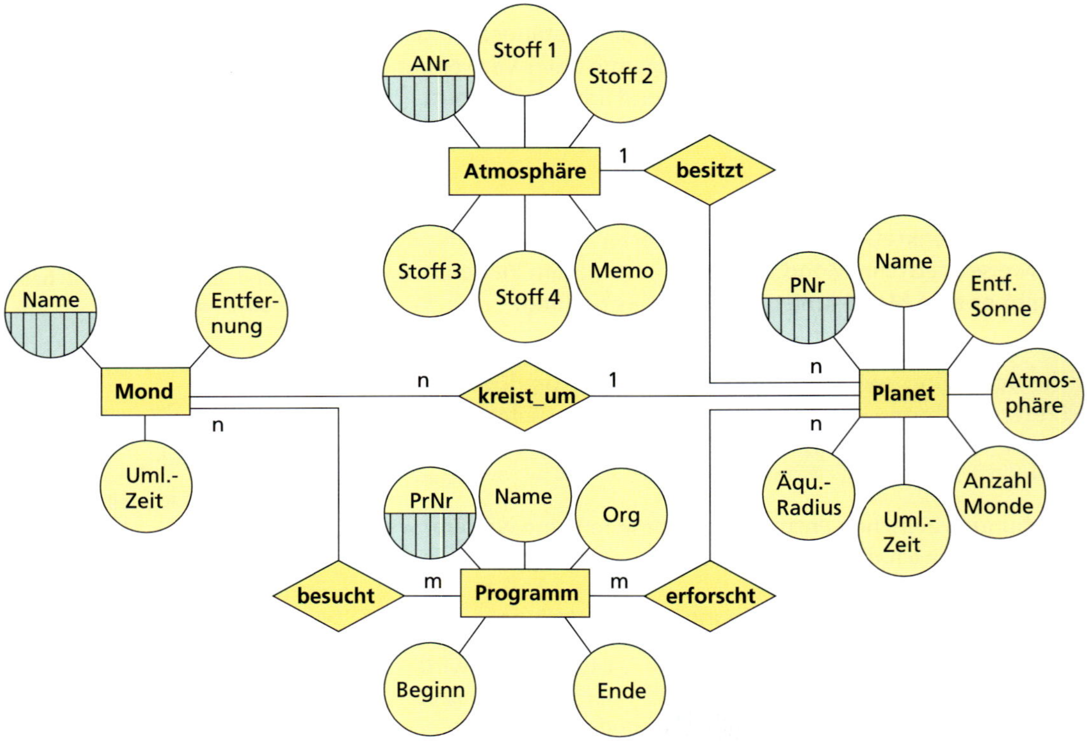

Im oben stehenden Modell wurde der Einfachheit halber eine Entitymenge Atmosphäre verwendet, die auch die stoffliche Zusammensetzung als Attribute besitzt. Es ist ebenfalls möglich, diesen Zusammenhang durch eine n:m-Beziehung abzubilden.

Die grafische Darstellung **eines Entity-Relationship-Modells (ER-Modell)** unter Verwendung der verschiedenen Elemente wird **Entity-Relationship-Diagramm (ER-Diagramm)** genannt.

N 2.12 Ergänzt euer in Aufgabe N 2.11 entstandenes Diagramm! Tragt insbesondere die Beziehungen, ggf. deren Attribute sowie die Kardinalitäten ein.

2.4 Unsere Datenbank „Sonnensystem"

Nachdem unser Modell als Entity-Relationship-Diagramm vorliegt, soll es auf den Computer übertragen werden. Wie du aus Abschnitt 2.2 bereits weißt, erfolgt diese Abbildung unter Nutzung eines Datenbankmanagementsystems (DBMS). Im Ergebnis entstehen Tabellen, die letztendlich die konkreten Datensätze, also die Daten, enthalten.

Die Darstellung des ER-Modells als Menge von Tabellen/Relationen, die jeweils eine Menge von Datensätzen mit gemeinsamen Eigenschaften enthalten, wird als **relationales Modell** oder auch als **Datenbankschema** bezeichnet. Diese Tabellen stehen über Schlüsselattribute in Beziehung.

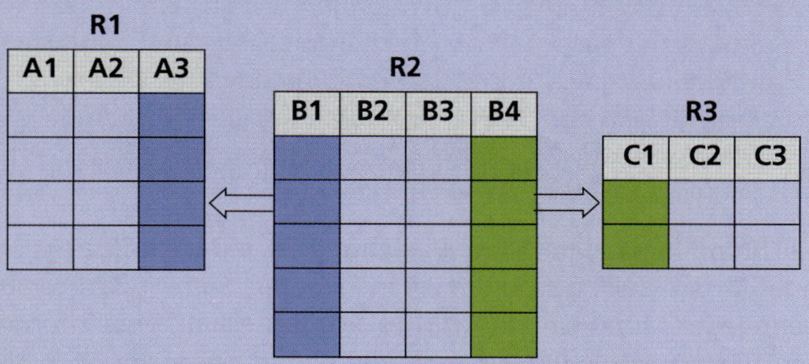

Tabelle/Relation	zweidimensionale Anordnung von Elementen gleicher Struktur (R1 ... R3)
Attribut/Feld	Spalte einer Tabelle/Relation (A1 ... A3, B1 ... B2, C1 ... C3)
Wertebereich/ Wertemenge	mögliche Werte eines Attributes aus einem vorgegebenen Grundbereich
Datensatz/Tupel	Zeile einer Tabelle/Relation

1 Die Atmosphäre unseres Planeten ermöglicht das Leben auf der Erde.

Für die Überführung eines ER-Modells in ein relationales Modell gelten Regeln. Solche Regeln bezeichnet man auch als **Transformationsregeln.**

Regel 1 Jede Entitymenge, die im ER-Modell enthalten ist, wird im relationalen Modell zu einer eigenständigen Tabelle.

- *Tabellenname (<u>Primärschlüssel</u>, Attribut_1, ..., Attribut_n)*

In unserem Beispiel gibt es keine 1:1 Beziehung. Somit kommt Regel 2 hier nicht zur Anwendung.

1 Die Jupitermonde Io, Europa, Ganymed und Callisto

Die Weltraummissionen Voyager 1 und 2 untersuchten beispielsweise auf ihrer Reise die Monde Io, Europa, Ganymed und Callisto. Auch die Galileo-Sonde hatte diese Himmelskörper zum Ziel.
Somit wurde zum Beispiel ein Mond von mehreren Programmen erforscht, ein Programm wiederum hatte auch mehrere Monde zum Ziel.

Somit ergeben sich für unsere Datenbank bereits 4 Tabellen:

- *Planet (PNr, P_Name, EntfernungSonne(AE), Radius(km), Umlaufzeit(a), AnzMonde, Atmosphäre)*
- *Mond (M_Name, EntfernungPlanet(Tkm), Umlaufzeit(d))*
- *Atmosphäre (ANr, Stoff1, Stoff2, Stoff3, Stoff4, Bemerkung)*
- *Programm (PrNr, Pr_Name, Organisation, Beginn, Ende)*

Im nächsten Schritt werden die Beziehungen zwischen den Entitymengen berücksichtigt und in das relationale Modell eingearbeitet. Grundlage dafür bildet die jeweilige Kardinalität.

Regel 2 Zwei Entitymengen der Kardinalität 1:1 werden zu einer Tabelle zusammengefasst.

Regel 3 Wenn zwei Entitymengen durch einen Beziehungstyp der Kardinalität 1:n charakterisiert sind, wird der Primärschlüssel (PS) der ersten Entitymenge (**1**:n) als Fremdschlüssel (FS) in der zweiten Entitymenge (1:**n**) eingefügt.

- *Tabellenname (PS, Attribut_1, ..., Attribut_n, FS)*

Die **Mond-kreist_um-Planet-Beziehung** ist eine 1:n-Beziehung. Jeder Mond kreist genau um einen Planeten. Somit reicht es aus, wenn jeder Mond ein zusätzliches Attribut erhält, eine Information zum betreffenden Planeten, der genau diesen Planeten eindeutig identifiziert. Dazu wird dessen Primärschlüssel genutzt. Analog behandelst du die **Planet-besitzt-Atmosphäre-Beziehung:**

- *Mond (M_Name, EntfernungPlanet(Tkm), Umlaufzeit(d), PNr)*
- *Planet (PNr, P_Name, EntfernungSonne(AE), Radius(km), Umlaufzeit(a), AnzMonde, Atmosphäre, ANr)*

Regel 4 Wenn zwei Entitymengen durch einen Beziehungstyp der Kardinalität n:m charakterisiert sind, entsteht eine neue Tabelle. Diese Tabelle enthält beide Primärschlüssel der jeweiligen Entitymengen als Fremdschlüssel. Falls die Beziehung durch weitere Attribute charakterisiert ist, werden diese mit in die Tabelle aufgenommen.

- *Tabellenname (PS, Attribut_1, ..., Attribut_n, FS1, FS2)*

Unser Modell „Sonnensystem“ enthält zwei Beziehungen vom Typ n:m, es sind die **Programm-erforscht-Planet-Beziehung** und die **Programm-besucht-Mond-Beziehung.** Somit wird jeweils eine neue Tabelle notwendig. Als Fremdschlüssel enthalten diese Tabellen die Primärschlüsselattribute PNr und PrNr beziehungsweise M_Name und PrNr. Als Primärschlüssel nutzen wir ein Attribut, das zweckmäßigerweise durch einen sogenannten AutoWert festgelegt wird. Eine Kombination der beiden Fremdschlüssel als Primärschlüssel ist ebenfalls möglich.

Die beiden neuen Tabellen stellen somit den Zusammenhang zwischen den Missionen und den Planeten bzw. Monden her, die Ziel der jeweiligen Programme waren.

- *MissionPlanet (MPNr, PNr, PrNr)*
- *MissionMond (MMNr, M_Name, PrNr)*

Im Ergebnis einer solchen Transformation erhältst du ein vollständiges relationales Modell, welches anschließend direkt auf den Computer übertragen werden kann. Für unser Beispiel „Sonnensystem" ergibt sich folgendes Datenbankschema:

- *Planet (PNr, P_Name, EntfernungSonn(AE), Radius(km), Umlaufzeit(a), AnzMonde, Atmosphäre, ANr)*
- *Mond (M_Name, EntfernungPlanet(Tkm), Umlaufzeit(d), PNr)*
- *Atmosphäre (ANr, Stoff1, Stoff2, Stoff3, Stoff4, Bemerkung)*
- *Programm (PrNr, Pr_Name, Organisation, Beginn, Ende)*
- *MissionPlanet (MPNr, PNr, PrNr)*
- *MissionMond (MMNr, M_Name, PrNr)*

N 2.13 Übertrage das in Aufgabe N 2.12 entstandene Entity-Relationship-Diagramm in ein relationales Modell. Nutze dazu die notwendigen Regeln und gib die Tabellen an!

Einen wesentlichen Schritt bei der Implementierung des entworfenen Datenmodells bildet das Erstellen der Tabellen mittels DBMS. Das heißt, es werden Objekte der Klasse TABELLE erzeugt (↗ Bild 1). Beim Start des dir zur Verfügung stehenden DBMS kannst du im Allgemeinen einen Assistenten für diese Aufgabe nutzen. Zunächst erzeugt man die Datensatzstruktur für eine Tabelle. Dabei werden auch die Datenfelder (Attribute) und deren Eigenschaften (Name, Typ, Feldgröße, Bedingungen) festgelegt.

Nun soll konkret die Tabelle

- *Planet (PNr, P_Name,EntfernungSonne(AE), Radius(km), Umlaufzeit(a), AnzMonde, Atmosphäre, ANr)*

mithilfe eines DBMS erstellt werden (↗ Bild 2).

In einer sogenannten Entwurfsansicht kannst du die Feldnamen (Attribute) angeben und die dazugehörigen Felddatentypen (TEXT, ZAHL, WAHRHEITSWERT, ...) auswählen. Die Festlegung weiterer Bedingungen, z. B., dass für jeden Planeten ein Name eingegeben werden muss, ist möglich (↗ Bild 3).

TABELLE

AttributListe
AttributTypListe
Primärschlüssel
Fremdschlüssel
AnzahlZeilen
...

ÄndernAttributListe(Name,Typ)
AttributLöschen(Attribut)
AttributUmbenennen(Name)
AttributTypÄndern(Typ)

1 Klassenkarte TABELLE

Planet: TABELLE

AttributListe =
(PNr, P_Name, EntfernungSonne(AE), Radius(km), Umlaufzeit(a), AnzMonde, Atmosphäre, ANr)

AttributTypListe =
(Zahl, Text, Zahl, Zahl, Zahl, Zahl, logisch, Zahl)

Primärschlüssel = "PNr"
AnzahlZeilen = "0"

2 Objektkarte Planet: TABELLE

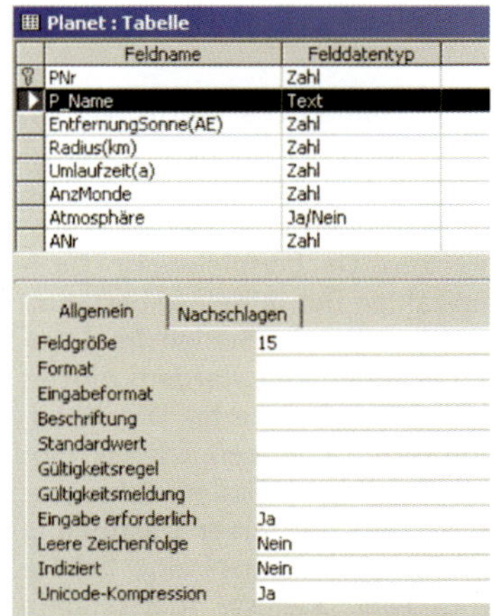

3 Anlegen der Tabelle „Planet"

Dem Vereinbaren der Felddatentypen kommt eine wesentliche Bedeutung zu. Wie auch in anderen Applikationen, beispielsweise der Tabellenkalkulation, werden bei Datenbanken vordergründig Objekte der Klassen TEXT, ZAHL, FORMEL und WAHRHEITSWERT unterschieden.

Auch die Möglichkeit, besondere Darstellungsformen für Objekte der verschiedenen Klassen von Datentypen auszuwählen, kannst du im Umgang mit Datenbanken nutzen. So existieren z. B. Zeit-, Datums- oder Währungsformate.

i Nicht immer werden in den verschiedenen DBMS die gleichen Begriffe verwendet. Mitunter verwendet man andere Bezeichnungen, wie z. B. in manchen DBMS den Begriff „Ausdruck“ für „Formel“.

N **2.14** Lege für das in Aufgabe N 2.13 erhaltene Datenbankschema die jeweiligen Datentypen für die verschiedenen Attribute der Relationen fest! Orientiere dich dabei an den Attributwerten, die erfasst werden sollen.

i Pi (π) steht nicht nur für den 16. Buchstaben im griechischen Alphabet. Pi steht auch für das Verhältnis des Umfangs eines Kreises zu seinem Durchmesser. Die Zahl Pi ist somit eine Naturkonstante.
Bereits der griechische Mathematiker ARCHIMEDES stellte richtig fest, dass der Wert zwischen $3\frac{10}{70}$ und $3\frac{10}{71}$ liegen muss. In China wurde die Zahl 190 n. Chr. auf fünf Dezimalstellen berechnet: 3,14 159.
Obwohl Pi eine irrationale Zahl ist, also eine unendliche, nichtperiodische Dezimalzahl, kann sie heute beliebig genau durch mathematische Operation berechnet werden.
$\pi = 3{,}141\,592\,653\,589\,7932...$

Mit der Auswahl des Felddatentyps werden weitere Eigenschaften des Datentyps festgelegt. Diese Vereinbarung hat auch direkten Einfluss, in welchem Format der eigentliche Wert des Attributs gespeichert wird.

Aus dem Mathematikunterricht sind verschiedene Zahlenbereiche, z. B. der Bereich der rationalen Zahlen oder der Bereich der reellen Zahlen bekannt. Jeder dieser Zahlenbereiche wird mit einer charakteristischen Darstellung seiner Elemente verbunden. Eine rationale Zahl kann in jedem Falle als gemeiner Bruch geschrieben werden. Dies wiederum gelingt dir nicht bei jeder reellen Zahl, z. B. der Zahl π. In diesem Fall musst du eine Darstellung als Dezimalzahl wählen. Aber auch das gelingt dir nur in gewissen Grenzen, denn π ist eine unendliche, nichtperiodische Dezimalzahl.
Meist wird mit dem Festlegen der „Feldgröße“ der Datentyp spezifiziert. Allein im Bereich der Klasse ZAHL kann man eine Vielzahl von Unterscheidungen treffen. Ganze Zahlen können z. B. durch BYTE (0 .. 255), INTEGER (-32 768 .. 32 767) oder LONG INTEGER (-2 147 483 648 .. 2 147 483 647) festgelegt werden.

i Numerische Werte werden in verschiedenen Datentypen gespeichert. Für diese Bereiche existieren Genauigkeitsgrenzen. Da beispielsweise Dezimalzahlen nur mit einer bestimmten Anzahl von Stellen im Computer abgebildet werden, gibt es keine Zwischenwerte. Die Abbildung von Zahlenbereichen erfolgt immer diskret. Jeder Zahlenbereich wird bei seiner Darstellung im Computer durch eine größte und eine kleinste darstellbare Zahl charakterisiert.

A **2.15** Informiere dich im Hilfesystem deines DBMS über die dir zur Verfügung stehende Festlegung von Datentypen, z. B. für die Klasse ZAHL oder die Klasse TEXT! Erarbeite eine Übersicht, die auch die Eigenschaften (wie den konkreten Wertebereich) der verschiedenen Darstellungen zusammenfasst!

Im Folgenden sind **häufig verwendete Datentypen** aufgelistet:

Text/ alphanumerisch	Zeichen und Text (Kombinationen von Zeichen – Ziffern, Buchstaben, Sonderzeichen – die keine Berechnungen erfordern)
Zahl/ numerisch	numerische Daten, die für Berechnungen genutzt werden können
Datum/ Zeit	Datums- und Zeitwerte in verschiedenen Darstellungsformaten
Währung	Währungswerte und numerische Daten, die für Berechnungen genutzt werden können
Zähler/ AutoWert	beim Anlegen eines neuen Datensatzes wird eine eindeutige Zahl zugeordnet
logisch	Wahrheitswert (true/false, ja/nein, wahr/falsch, ein/aus)
OLE-Objekt	ein eingebettetes Objekt, welches mit einer anderen Anwendung erstellt wurde (z. B. Kalkulationstabelle, Textdokument, Grafik, Klang, ...)
Memo	Text, Kombination aus Text und Zahlen

Ein **Datentyp** beschreibt für eine Menge von Daten einen möglichen Wertebereich. Die Festlegung eines Datentyps ist notwendig, um die Daten auf der Maschine ver- bzw. bearbeiten zu können.
Oftmals ist es möglich und notwendig, auf der Grundlage dieser elementaren Datentypen komplexere Datenstrukturen zu erzeugen (↗ Abschnitt 3.2).

N 2.16 Übertrage das Modell aus den Aufgaben N 2.13 und N 2.14 in dein DBMS! Erzeuge dazu alle notwendigen Tabellen, lege die Feldnamen (Attribute) und den dazugehörigen Datentyp fest. Formuliere gegebenenfalls Einschränkungen für Bereiche von Attributwerten!

Ein wesentliches Merkmal von Datenbanken sind die Beziehungen der verschiedenen Tabellen zueinander. Um diese zu realisieren, wählst du zunächst alle zur Datenbank „Sonnensystem“ gehörenden Tabellen aus und ordnest diese geeignet an. Anschließend realisierst du die konkrete Verbindung zwischen zwei Tabellen durch die Nutzung der Primärschlüsselfelder bzw. Fremdschlüsselfelder. Eine solche Festlegung der Verknüpfungseigenschaften ist für die spätere, korrekte Auswertung des Datenbestandes erforderlich (↗ Abschnitt 2.5).

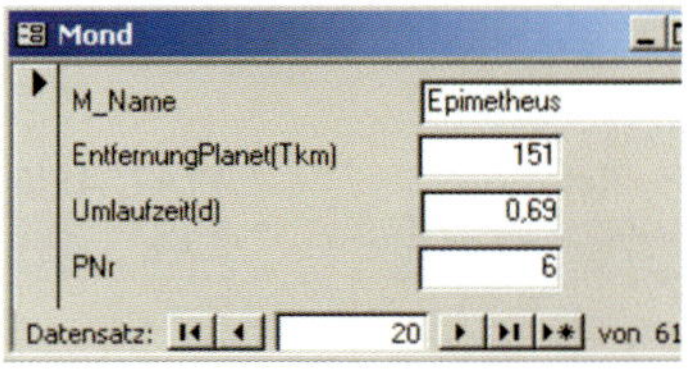

1 Nachdem nun das Modell vollständig implementiert wurde, kann mit der Eingabe der Daten begonnen werden. Dazu nutzt du die Tabelle oder erstellst dir ein geeignetes Formular.

N 2.17 Realisiere alle Verbindungen zwischen den verschiedenen Tabellen, die du als Ergebnis aus Aufgabe N 2.16 erhalten hast! Lege für die jeweilige Verknüpfung die notwendigen Eigenschaften fest.

2.5 Auswertung der Datenbasis

Nachdem du deine Datenbank „Sonnensystem“ modelliert und in einem DBMS abgebildet hast, sollst du kennenlernen, wie man mit den Daten arbeitet und die Datenbasis auswertet. Zunächst greifen wir noch einmal den Begriff der „Relation“ auf.

Eine **Relation** ist eine Menge von Tupeln (hier Datensätzen), deren Komponenten (hier Attributwerte) jeweils aus einem bestimmten Grundbereich (hier Datentyp mit formulierten Bedingungen) stammen. Relationen werden in relationalen Datenbanksystemen als Tabellen gespeichert.

Die betrachteten Relationen aus dem relationalen Modell wurden im DBMS als Objekte der Klasse TABELLE abgebildet. Wenn nun die Datenbasis einer Datenbank ausgewertet werden soll, dann verstehen wir darunter die systematische Zusammenstellung von uns interessierenden Daten aus den verschiedenen Tabellen des Problembereiches unserer Datenbank.
Die so definierten Operationen werden „relationale Algebra“ oder „Relationenalgebra“ genannt.

Man kann die **relationale Algebra** auch als formale Sprache auffassen, mit der sich Anfragen an eine Datenbank formulieren lassen. Diese Sprache erlaubt es, Tabellen miteinander zu verknüpfen und spezifischere oder komplexere Informationen herzuleiten.
Weil die Ergebnisse aller Operationen immer wieder Tabellen (Relationen) sind, bezeichnet man die Relationenalgebra als *abgeschlossen.*

Die **relationale Algebra** fasst eine Menge von Regeln und Operationen zur Verarbeitung von Relationen (Tabellen) zusammen. Das Ergebnis einer solchen Operation ist in jedem Falle wiederum eine Relation (Tabelle). Wesentliche Operationen sind *Projektion, Selektion* und *Verbund.*

Eine typische Operation bei der Arbeit mit Tabellen ist die Projektion. Wenn du dir z. B. einen Überblick über die verschiedenen Planeten verschaffen willst, dann benötigst du in einer solchen Zusammenstellung nicht unbedingt die Planetennummer oder die Atmosphärennummer. Aus Planet:TABELLE werden also nur bestimmte Attribute ausgewählt.

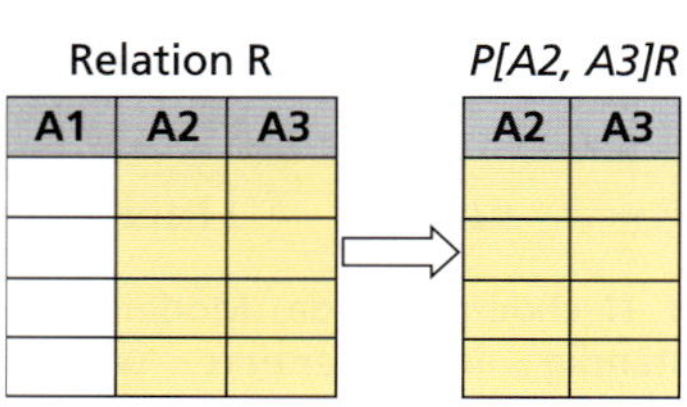

Projektion Auswahl von Attributen (Attributliste L) aus einer Relation R; Formale Schreibweise: *P [L] R*
Das Ergebnis dieser Operation ist eine Tabelle, die zwar alle Datensätze, jedoch nicht alle Attribute enthält.

Unsere Aufgabe, formal formuliert, lautet:

ProjektionPlanet = P [P_Name, Radius(km), Umlaufzeit(a)] Planet

P kennzeichnet die Operation **P**rojektion, die ausgeführt wird. Anschließend folgt in Klammern die Attributliste, die angezeigt werden soll. Schließlich wird noch die Relation angegeben, auf die diese Projektion angewandt werden soll.

Im DBMS wird die Projektion z. B. mit einer Abfrage realisiert. Zunächst wählst du die entsprechende Tabelle und danach die notwendigen Attribute aus. Anschließend kannst du dir das Ergebnis der Operation ansehen.

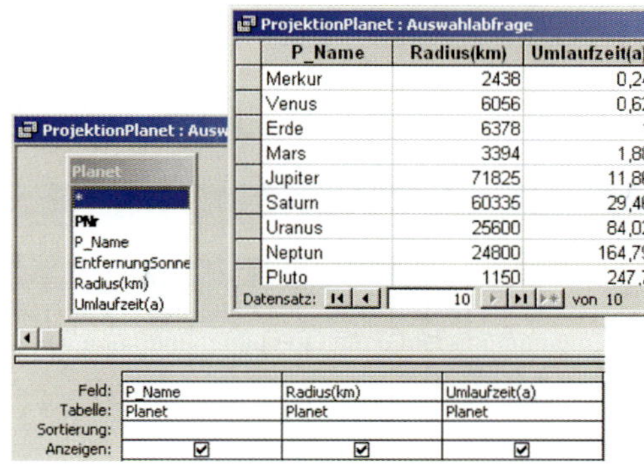

N 2.18 Beschreibe den Inhalt folgender Operation:

ProjektionProgramm = P[Pr_Name, Pr_Organisation] Programm

Gib das Ergebnis dieser Operation bezogen auf deine Beispieldatenbank als Tabelle an, ggf. auch auszugsweise! Realisiere nun die Operation mittels DBMS und vergleiche dein Ergebnis im Heft mit dem Ergebnis am Computer! Ist alles richtig?

Eine weitere Operation, die auf eine Tabelle anwendbar ist, ist die Selektion. Wie der Begriff schon aussagt, kann man mithilfe dieser Operationen Datensätze nach bestimmten Kriterien auswählen.

Selektion Auswahl derjenigen Tupel (Datensätze) aus einer Relation R, die einer bestimmten Bedingung B genügen; Formale Schreibweise: *S [B] R*
Das Ergebnis dieser Operation ist eine Tabelle, die alle Attribute enthält, jedoch nur die Datensätze, die der Bedingung genügen.

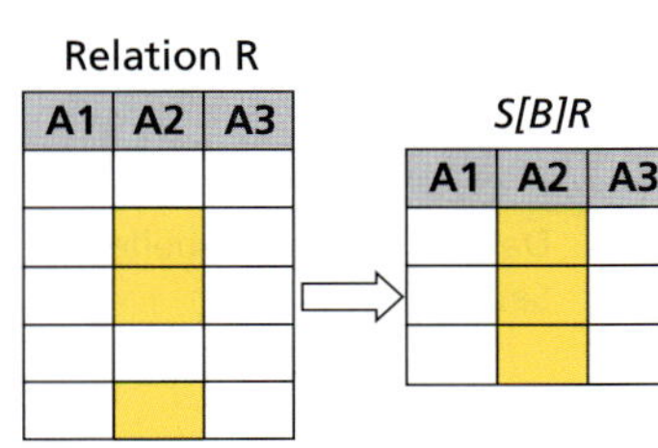

Es soll nun folgende Operation betrachtet werden:

SelektionPlanet = S [Umlaufzeit(a)>1] Planet

Auch hier steht das **S** wieder für die Operation, die **S**elektion. Die formulierte Bedingung gibt an, dass nur die Datensätze ausgewählt werden sollen, die für das Attribut Umlaufzeit(a) den Attributwert „größer als 1“ besitzen. Diese beschriebene Operation bezieht sich auf die Tabelle Planet.

Für eine formale Selektion wählst du in deinem DBMS die betreffende Tabelle und alle in ihr enthaltenen Spalten aus. Anschließend formulierst du deine Bedingung.

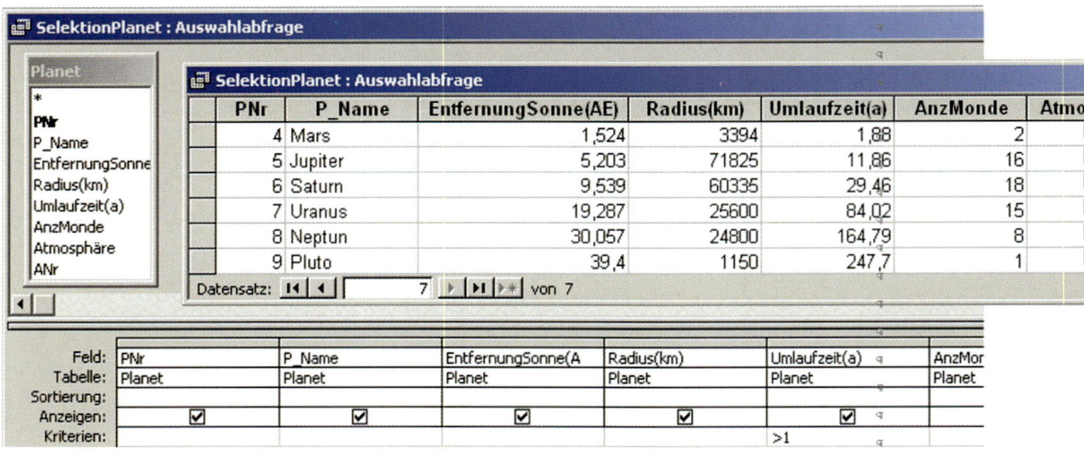

PNr	P_Name	EntfernungSonne(AE)	Radius(km)	Umlaufzeit(a)	AnzMonde	Atmos
4	Mars	1,524	3394	1,88	2	☑
5	Jupiter	5,203	71825	11,86	16	☑
6	Saturn	9,539	60335	29,46	18	☑
7	Uranus	19,287	25600	84,02	15	☑
8	Neptun	30,057	24800	164,79	8	☑
9	Pluto	39,4	1150	247,7	1	☐

Für die Angabe von Bedingungen (bzw. Kriterien) gibt es Regeln. Alphanumerische Werte werden in so genannten Hochkommas angegeben, beispielsweise *P_Name = "Erde"*.
Das Gleichheitszeichen „=" erhält dann die Bedeutung einer Identitätsprüfung. Nutzt du hingegen für die Formulierung von Bedingungen numerische Datenfelder (wie in obigem Beispiel), so werden diese Werte einfach angegeben. Auch ist die Nutzung der üblichen Relationszeichen dann möglich.
Es gibt weitere Festlegungen und Möglichkeiten für die Angabe von Bedingungen, auch können mehrere Bedingungen formuliert werden.

i Datentypen ↗ Tabelle auf Seite 69!

A **2.19** Informiere dich im Hilfesystem deines DBMS über weitere Möglichkeiten der Angabe von Bedingungen. Erarbeite eine Übersicht, welche Regeln für die verschiedenen Datentypen gelten!

N **2.20** Führe folgende Selektionen unter Verwendung der gefundenen Regeln aus Aufgabe A 2.19 durch!

a) Auswahl aller Monde, die mit dem Buchstaben „E" beginnen,
b) Auswahl aller Planeten, deren Äquatorradius größer als 5 000 km und kleiner als 10 000 km ist!

Natürlich können die Projektion und die Selektion auch kombiniert werden. Ein Beispiel dafür wäre die Auswahl von Name, Entfernung zum Planeten und Umlaufzeit der Jupitermonde. In unserer Beispieldatenbank hat der Jupiter die PNr mit dem Wert 5. Diese Operation wird in zwei Schritten realisiert:

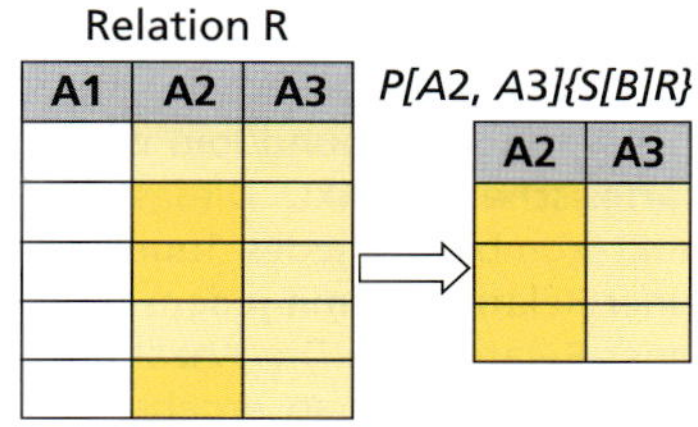

SelektionJupitermond = S [PNr = 5] Mond
AuswahlJupitermond = P [M_Name, EntfernungPlanet(Tkm), Umlaufzeit(d)] SelektionJupitermond

Du kannst sie auch zusammengefasst angeben:

AuswahlJupitermond = P [M_Name, EntfernungPlanet(Tkm), Umlaufzeit(d)] { S [PNr = 5] Mond }

Feld:	M_Name	EntfernungPlanet(T	Umlaufzeit(d)	PNr
Tabelle:	Mond	Mond	Mond	Mond
Sortierung:				
Anzeigen:	☑	☑	☑	☐
Kriterien:				5

Alle bisherigen Operationen bezogen sich auf eine Tabelle. Wie du bereits erfahren hast, fasst eine Datenbank Daten zu einem Problembereich zusammen. Diese Daten werden in verschiedenen Tabellen erfasst, die wiederum miteinander in Beziehungen stehen. Somit ist es auch wichtig, dass eine Auswertung der Datenbasis über die unterschiedlichen Tabellen hinweg möglich wird.

Verbund/Join Verknüpfung zweier Relationen mit gleichen Wertemengen;
Formale Schreibweise: *R1[AΘB]R2*
Sei A ein Attribut mit dem Wert a_i einer Relation R1 und B ein Attribut der Relation R2 mit dem Wert b_k, so ist das Ergebnis des Verbund/Join die Menge aller Tupel (Datensätze), für die gilt: $a_i = b_k$.

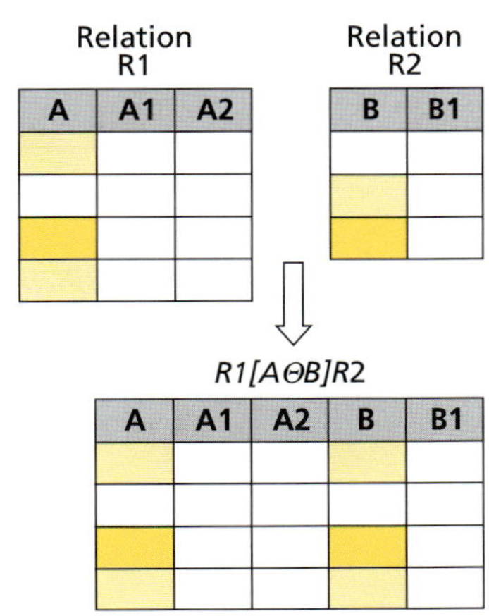

Für unsere Beispieldatenbank werden diese Verknüpfungen realisiert, indem man die Beziehungen zwischen den Tabellen im verwendeten DBMS definiert und notwendige Eigenschaften festlegt.
Zunächst wählst du alle Tabellen deiner Datenbank aus und ordnest sie geeignet an. Anschließend verbindest du die Tabellen mittels Primär- bzw. Fremdschlüssel. Wichtig ist, dass du die richtigen Eigenschaften für die jeweilige Beziehung festlegst.

Mathematische Grundlage zur Realisierung der Operation Verbund/Join ist das **kartesische Produkt.** Dieses Produkt kombiniert jedes Tupel aus einer Relation R1 mit jedem Tupel einer Relation R2. Die Anzahl der Zeilen in der sich so ergebenden Relation ist gleich dem Produkt aus der Anzahl der Zeilen aus der Relation R1 und der Relation R2.
Nicht jede so entstandene Kombination ist – in Bezug auf die Auswertung der Datenbasis – für uns sinnvoll.
Deshalb werden bei der Realisierung von Joins verschiedene Arten dieser Operationen definiert. Grundlage einer solchen Operation ist das kartesische Produkt. Anschließend folgen oftmals Selekt-Operationen, welche die für unsere Join-Operation sinnvollen Kombinationen von Datensätzen herausfiltern.

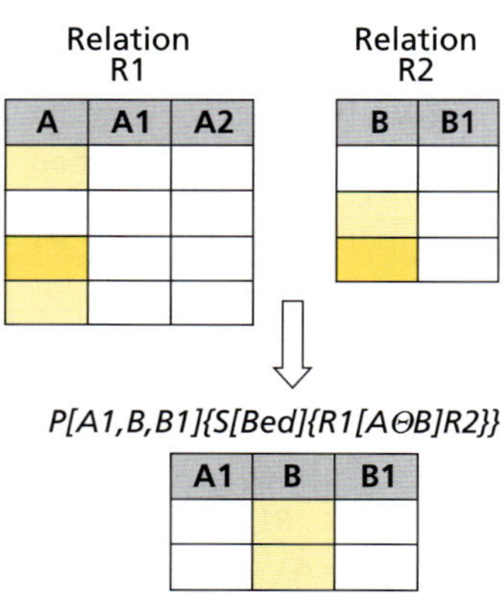

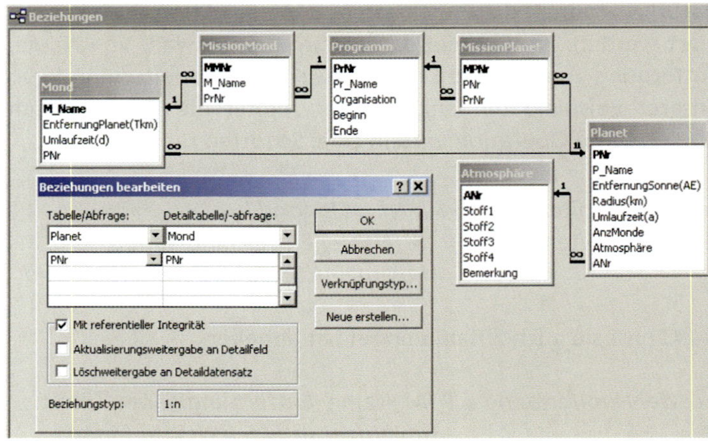

Referenzielle Integrität stellt sicher, dass zu jedem Wert eines Fremdschlüsselattributs in einer Tabelle T1 auch ein Datensatz in einer Tabelle T2 existiert, dessen Primärschlüssel den gleichen Wert besitzt.

Somit wurden formal folgende Operationen realisiert:

Mond [PNrΘPNr] Planet
Atmosphäre [ANrΘANr] Planet
Programm [PrNrΘPrNr] MissionPlanet
MissionPlanet [PNrΘPNr] Planet
Programm [PrNrΘPrNr] MissionMond
MissionMond [M_NameΘM_Name] Mond

Das Ergebnis dieser Operationen ist eine Tabelle, die alle Attribute aller Ausgangstabellen enthält und alle Datensätze, die durch die realisierten Verknüpfungen entstanden sind. Normalerweise benötigt man nur Ausschnitte aus dieser so entstandenen Tabelle, die Ausschnitte sind das Ergebnis der aufeinanderfolgenden Anwendung der verschiedenen Operationen. Du kannst z.B. eine Übersicht erstellen, welche die von dir in deiner Datenbank erfassten Weltraumprogramme zu den verschiedenen Planeten aufführt. Formal gilt dann:

T1 = Programm [PrNrΘPrNr] MissionPlanet
T2 = T1 [PNrΘPNr] Planet
T3 = P [Pr_Name, Beginn, P_Name] T2

Die Tabelle T3 ist das Ergebnis dieser Abfrage, die durch die Operationen Verbund und Projektion realisiert wurde (↗ S. 75).

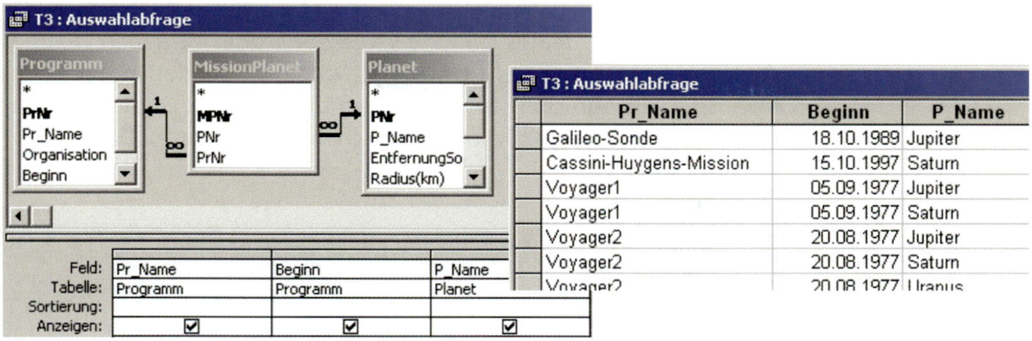

N 2.21 Die soeben betrachtete Abfrage an die Datenbasis soll dahingehend erweitert werden, dass nur alle Datensätze aus T3 angezeigt werden, die als Ziel den Jupiter hatten. Welche Operation müsste noch durchgeführt werden? Formuliere diesen Schritt in formaler Schreibweise und gib das Ergebnis der gesamten Operation als Tabelle an!

Wie du sicherlich festgestellt hast, werden typische Anfragen an die Datenbasis auf der Grundlage aller drei kennengelernten Operationen als zusammengesetzte Anfrage formuliert.

A 2.22 Entscheide dich für eine geeignete komplexe Operation, bezogen auf deine Beispieldatenbank, die sowohl Verbund als auch Projektion und Selektion erfordert. Formuliere nun diese Anfrage an die Datenbank in formaler Schreibweise! Führe anschließend die Operation unter Nutzung des DBMS aus! Entspricht das Ergebnis deinen Erwartungen?

A 2.23 Lösche gegebenenfalls deine durch die Bearbeitung von Aufgabe A 2.22 gespeicherte Anfrage! Suche dir nun einen Partner aus deiner Klasse und wechselt die Arbeitsplätze! Führe anschließend die Operation deines Partners auf der Grundlage seiner formalen Anweisungen an seiner Datenbank aus! Bist du zurechtgekommen? Hat dein Partner seine Aufgabe erfüllen können? Tauscht euch gemeinsam zum Ergebnis der Aufgabe aus!

In den zurückliegenden Abschnitten hast du kennengelernt, wie du mithilfe deines DBMS verschiedenartige Aufgaben realisieren kannst. Der Benutzer eines DBMS verwendet in der Regel spezielle Sprachen des Softwareanbieters. Diese Sprachen beruhen wiederum auf der vorherrschend eingesetzten Datenbanksprache SQL.

Die Abkürzungen kommen aus dem Englischen und bedeuten:

SQL Structured Query Language
DDL Data Definition Language
DML Data Manipulation Language
QL Query Language
DCL Data Control Language

Zur Abbildung des Datenmodells ist eine Datenbeschreibungssprache (DDL) genauso notwendig, wie eine Datenbearbeitungssprache (DML). Diese Sprachen ermöglichen den Umgang mit den Daten, dazu gehören beispielsweise die Definition, die Aktualisierung, die Abfrage und die Verwaltung von Datenbanken.

SQL ist eine Datenbanksprache, die als Standard zur Kommunikation mit relationalen Datenbanksystemen gilt. SQL besitzt folgende Sprachgruppen:

DDL Definition und Veränderung von Relationen, Schlüsseln und Indexen,
DML Erfassung und Pflege der Daten,
QL Anfragesprache zur Auswertung der Datenbasis,
DCL Vergabe und Organisation von Zugriffsrechten.

Operationen zur Auswertung der Datenbasis werden sehr häufig bei der Arbeit mit relationalen Datenbanken verwendet. Die Grundlage dafür bildet in SQL der SELECT-Befehl. Üblicherweise wird diese Anweisung auch als „Anfrage", die dazugehörige Sprachgruppe als „Anfragesprache" (QL), bezeichnet.

Grundlegende Syntax der **SELECT-Anweisung**
SELECT attribut_1 [, attribut_2, ..., attribut_n]
FROM tabelle_1 [, tabelle_2, ..., tabelle_m]
WHERE bedingung

Du kannst erkennen, dass durch das genutzte DBMS bei der Formulierung der SQL-Anweisung für jedes Attribut die dazugehörige Tabelle mit angegeben ist. Das wird insbesondere dann notwendig, wenn du dich bei der Formulierung einer Anfrage auf Daten aus mehreren Tabellen beziehst.

A 2.24 Sicherlich besteht auch in dem von dir genutzten DBMS die Möglichkeit, in eine sogenannte SQL-Ansicht zu wechseln. Informiere dich dazu und zeige z. B. eine existierende Anfrage an die Datenbasis in SQL-Ansicht an!
Welche Elemente der SELECT-Anweisung kannst du erkennen?

Natürlich kannst du auch die behandelten Operationen der relationalen Algebra unter Nutzung von SQL realisieren.

Realisierung einer **Projektion** (bezogen auf eine Tabelle)
SELECT attribut_1 [, attribut_2, ..., attribut_n]
FROM tabelle

Für die betrachtete Projektion

ProjektionPlanet = P [P_Name, Radius, Umlaufzeit] Planet

ergibt sich folgende SELECT-Anweisung:

```
SELECT    P_Name, Radius, Umlaufzeit
FROM      Planet
```

Realisierung einer **Selektion** (bezogen auf eine Tabelle)

SELECT *

FROM tabelle

WHERE bedingung

SelektionPlanet = S [Umlaufzeit>1] Planet

```
SELECT    *
FROM      Planet
WHERE     Umlaufzeit>1
```

Der „*" in der Anweisung steht für die Angabe aller Attribute der Tabelle. Du erinnerst dich: Eine formale Selektion beschreibt die Auswahl von Datensätzen bei gleichzeitiger Angabe aller Felder.

N 2.25 Durch folgende Operation wird eine kombinierte Selektion und Projektion beschrieben:

AuswahlJupitermond = P [M_Name, EntfernungPlanet, Umlaufzeit] { S [PNr = 5] Mond }

Gib die notwendige SELECT-Anweisung an!

Führe diese Anweisung gegebenenfalls in deinem DBMS aus!

Realisierung eines **Verbunds**

SELECT *

FROM tabelle_1, tabelle_2

WHERE tabelle_1.attribut_i = tabelle_2.attribut_k

Für eine Übersicht der stofflichen Zusammensetzung der Atmosphäre eines jeweiligen Planeten kannst du beispielsweise wie folgt vorgehen:

T = P [P_ Name, Stoff1, Stoff2, Stoff3, Stoff4] {Planet [ANrΘ*ANr] Atmosphäre}*

```
SELECT  Planet.P_Name, Atmosphäre.Stoff1, Atmosphäre.Stoff2,
        Atmosphäre.Stoff3, Atmosphäre.Stoff4
FROM    Planet, Atmosphäre
WHERE   Planet.ANr = Atmosphäre.ANr
```

Da mit dieser Anfrage auf zwei Tabellen zurückgegriffen wird, müssen auch die jeweiligen Tabellen bei der Attributauswahl mitangegeben werden.

2.6 Anforderungen an ein Datenbankschema

In der Nutzung von Datenbanken zur Speicherung und Verarbeitung großer Datenmengen werden typische **Vorteile** sichtbar:
- Trennung von Programm und Daten,
- Vermeidung von Redundanz,
- Konsistenz der Daten,
- Integrität des Datenbestandes,
- Flexibilität in der Auswertung der Datenbasis.

In der Praxis nutzen meist Anwender Datenbanken, die sich nicht vordergründig mit dem Entwurf oder mit der Implementierung des Modells beschäftigen. Für diese Nutzer werden oftmals Anwendungen entwickelt, die eine Kommunikation mit dem DBMS und letztendlich mit den Daten komfortabel und den Bedürfnissen entsprechend ermöglichen. Die Sicht eines Anwenders über solche eigens geschaffenen Schnittstellen auf die Datenbank wird auch als **externe Sicht** bezeichnet.

Redundanz bezeichnet ein Maß für den (Un-) Ordnungszustand eines Schemas. Es ist somit auch ein Maß für überflüssig gespeicherte Daten in einer Datenbank.
Ziel ist es, eine Datenbank von allen unnötigen Redundanzen, also mehrfach gespeicherten Daten, zu befreien. Ein Minimum an Redundanz ist jedoch beispielsweise durch die Realisierung der Beziehungen zwischen Tabellen mittels Fremdschlüssel in einer Datenbank immer gegeben.

Diese Anwendungen greifen nicht direkt auf die Datenstrukturen und Daten zu, sie nutzen das DBMS. Diese **Trennung von Programm und Daten** ermöglicht, dass Fehler bei der Nutzung solcher Anwendungen beispielsweise den Datenbestand in der Regel nicht direkt zerstören können.
Durch eine Optimierung des Modells und somit der Struktur der Datenbasis kommt es zur **Vermeidung von Redundanzen.**

In unserem betrachteten Beispiel „Sonnensystem“ wurde für die Atmosphären eine eigene Entitymenge gebildet und letztendlich eine separate Tabelle erzeugt. Somit mussten nicht zu jedem Planet die vollständigen Atmosphärendaten in die einzelnen Datensätze der Tabelle Planet mitaufgenommen werden. Dies hätte zur Folge gehabt, dass z.B. für Uranus und Neptun oder für Jupiter und Saturn gleiche Daten gespeichert würden – ein typischer Fall von Redundanz.

Planet_redundant

PNr	P_Name	Entfernung	Radius	Umlaufzeit	AnzMonde	Atmosphäre	Stoff1	Stoff2	St
3	Erde	1	6378	1	1	☑	Stickstoff	Sauerstoff	Argon
4	Mars	1,524	3394	1,88	2	☑	Kohlendioxid	Stickstoff	Argon
5	Jupiter	5,203	71825	11,86	16	☑	Wasserstoff	Helium	Methar
6	Saturn	9,539	60335	29,46	18	☑	Wasserstoff	Helium	Methar
7	Uranus	19,287	25600	84,02	15	☑	Wasserstoff	Helium	
8	Neptun	30,057	24800	164,79	8	☑	Wasserstoff	Helium	

Datensatz: 9 von 9

Um eine Datenbasis zu optimieren, kannst du verschiedene Regeln im Prozess der Modellierung, also vom Entwurf des Entity-Relationship-Modells bis hin zum relationalen Modell, anwenden.

Regel 1: Verwende nur **atomare Attributwerte.** Das heißt, wähle als Attribute nur solche, die nicht strukturiert, also nicht mehr zerlegt werden können.

Ein typisches Beispiel dafür ist, dass du in Tabellen mit Datensätzen von Personen grundsätzlich Name und Vorname in getrennten Spalten erfasst. Das gilt auch für Ort und Straße bei Adressen.

Regel 2: Achte darauf, dass alle **Nichtschlüsselattribute** einer Tabelle vollständig **funktional abhängig vom Primärschlüssel** sind.

Wenn ein Attribut einer Tabelle nur von Teilen des Primärschlüssels abhängt, dann wäre diese Regel 2 verletzt. Das Problem kann z.B. bestehen, wenn sich ein Primärschlüssel aus einer Kombination von Attributen zusammensetzt. In unseren Beispielen ist das nicht der Fall.

Regel 3: Stelle sicher, dass **keine transitive Abhängigkeit** eines Nichtschlüsselattributs von einem Schlüsselattribut existiert.

Im Beispiel der Speicherung von Adressen kannst du mitunter noch existierende transitive Abhängigkeiten eines Attributs vom Schlüsselattribut erkennen. In den Tabellen sind dann jeweils sowohl die Postleitzahl als auch der Ort erfasst. Die Folge ist Redundanz. Der Ort jedoch hängt nicht direkt vom jeweiligen Primärschlüssel ab, sondern wird eigentlich schon durch die Postleitzahl bestimmt. In einem solchen Fall kannst du die Datenbank optimieren, indem du eine neue Tabelle bildest, in der die Postleitzahl als Primärschlüssel fungiert (wir nehmen an, dass zu jeder Postleitzahl ein Ort gehört). Ein Beispiel dafür:

transitiv (lat.): übertragend, ineinander überführend

mit transitiver Abhängigkeit
- *Person (<u>PNr</u>, Name, Vorname, Straße, PLZ, Ort)*

ohne transitive Abhängigkeit
- *Person (<u>PNr</u>, Name, Vorname, Straße, PLZ)*
- *Wohnort (<u>PLZ</u>, Ort)*

A 2.26 Überprüfe, ob deine selbstentwickelte Datenbank den Regeln entspricht! Optimiere gegebenenfalls deine Datenbank. Notiere, wie du vorgegangen bist, um eine optimierte Datenbank zu erhalten!

Konsistenz beschreibt die Widerspruchsfreiheit der Daten einer Datenbasis.

Redundanzfreiheit ist eine Voraussetzung für die **Konsistenz der Daten.** Das heißt z. B., wenn ein Attributwert in einem Datensatz geändert wird, so ist diese Änderung für die gesamte Datenbasis wirksam. Wird beispielsweise ein neu entdeckter Mond eines Planeten in unsere Datenbank „Sonnensystem" eingetragen, so ist er als Datensatz nur einmal in der Tabelle Mond gespeichert. Diese Änderung wird dann sofort in allen betreffenden Abfragen mit wirksam.

Anhand der Formulierung von Bedingungen kann die **Integrität des Datenbestandes** erhöht werden. Damit wird weitgehend vermieden, dass einzelne Attributwerte außerhalb von Definitionsbereichen der Attribute liegen. **Referenzielle Integrität** (↗ S. 74) stellt sicher, dass zu jedem Wert eines Fremdschlüsselattributs in einer Tabelle T1 auch ein Datensatz in einer Tabelle T2 existiert, dessen Primärschlüssel den gleichen Wert besitzt.

Wenn du beispielsweise in der Datenbank „Sonnensystem" ein Weltraumprogramm löschen möchtest, welches jedoch mit Einträgen aus den Tabellen MissionMond oder MissionPlanet verbunden ist, dann wird dies nicht möglich. Das DBMS gibt dir eine entsprechende Meldung oder Warnung.

A 2.27 Überprüfe, ob in deiner Datenbank referenzielle Integrität gewährleistet ist. Aktualisiere gegebenenfalls deine Datenbank entsprechend!

1 Schlüssel können auch verbinden.

Aufgrund der zentralen und einheitlichen Zusammenfassung der Daten ist eine **flexible Auswertung des Datenbestandes** sowie eine flexible Anpassung an neue Problemstellungen möglich.
Die Struktur einer relationalen Datenbank (die Struktur des relationalen Modells) ist Voraussetzung, dass unter Verwendung der Sprachelemente des genutzten DBMS oder von SQL verschiedenartige Auswertungen der Daten ermöglicht werden. Das Schlüsselkonzept stellt sicher, dass du dich dabei nicht nur auf eine Tabelle, sondern auf den gesamten Tabellenbestand deiner Datenbank beziehen kannst.

Mithilfe des DBMS können neue, eventuell notwendig gewordene Tabellen in die bestehende Datenbasis integriert werden. In die bisherige Struktur muss in einem solchen Fall nur unwesentlich eingegriffen werden. Im Allgemeinen hat eine solche Anpassung auch keinen Einfluss auf bereits existierende Auswertungen der Datenbasis.

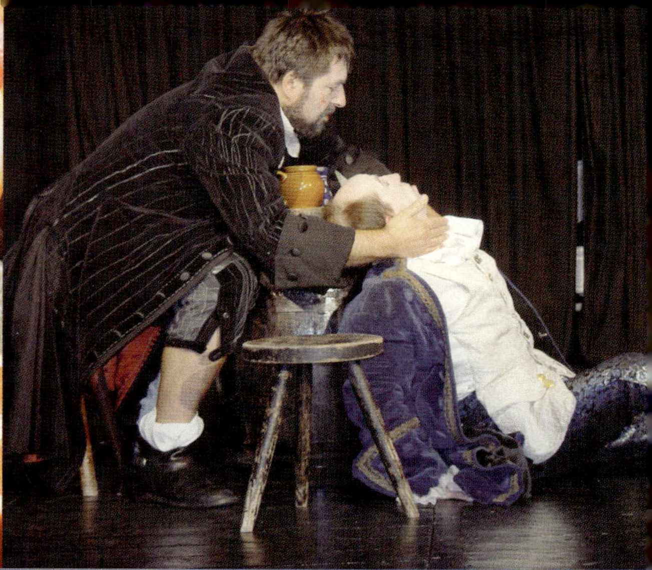

Profile

Verwaltung und Organisation einer Inszenierung

In deiner Gruppe bereitet ihr eine Inszenierung vor. Damit verbunden fallen eine Vielzahl von Aufgaben an, es gibt eine Menge zu koordinieren. Wer besetzt welche Rolle? Gibt es ausreichend Kostüme? Welche Requisiten stehen zur Verfügung? Wer gestaltet das Programmheft? Was ist noch zu beachten?

K 2.1 Bildet Gruppen von 3 bis 5 Schülern. Diskutiert, welche Daten eurer Meinung nach im Rahmen der Vorbereitung und Organisation einer Inszenierung erfasst und verwaltet werden müssen. Fasst das Ergebnis eurer Diskussion zusammen und veranschaulicht es z. B. unter Nutzung eines Flipcharts übersichtlich! Welche Gemeinsamkeiten haben die Entwürfe der verschiedenen Gruppen?

Sicher hast du festgestellt, dass neben Angaben zu den Mitgliedern eurer Profilgruppe weitere Daten erfasst werden müssen. Das sind z. B. Informationen zu den Rollen oder zu den Kostümen. Aber auch Daten zu den formalen Aufgaben sollten mitaufgenommen werden. Für unsere Datenbank „Inszenierung" ergibt sich folgende mögliche Zusammenstellung (Auszug):

i Es ist bereits hier zweckmäßig, jedem Kostüm oder jeder Aufgabe eine interne Nummer zuzuordnen. Damit lassen sich die Objekte einer Objektmenge eindeutig identifizieren.

Objektmenge	Eigenschaften
Mitglied	Name, Vorname, Klasse, ...
Rolle	Bezeichnung, Kategorie, Merkmal, ...
Kostüm	Bezeichnung, Größe, Zustand, Anzahl, ...
Aufgabe	Bezeichnung, AnzPerson, Zeitpunkt, ...

K 2.2 Übertragt das in eurer Gruppe entstandene Modell in ein Diagramm unter Verwendung der Symbole für Entitymenge, Attribut und Schlüsselattribut (↗ S. 63)!

Beziehungen zwischen Entitymengen besitzen eine weitere wesentliche Eigenschaft – die **Kardinalität** (↗ S. 63).
Für die **Rolle-erfordert-Kostüm-Beziehung** gilt beispielsweise: Für eine Rolle sind mitunter mehrere Kostüme notwendig. Ein Kostüm wiederum kann durchaus für mehrere Rollen genutzt werden. Es handelt sich um eine **n:m-Beziehung.** Ähnliches gilt für die **Mitglied-spielt-Rolle-Beziehung.**

K 2.3 Ergänzt euer in Aufgabe K 2.2 entstandenes Diagramm! Nutzt dazu ggf. die Abbildung 1. Tragt insbesondere die Entitymengen und deren Attribute ein! Benennt die Beziehungen und charakterisiert die Kardinalitäten!

Das in Aufgabe K 2.3 entstandene ER-Diagramm soll nun unter Verwendung der Transformationsregeln (↗ S. 65f.) schrittweise in ein relationales Modell überführt werden. Nach Anwendung der Regel 1 erhältst du z. B. folgende Relation:

– *Aufgabe (AN, Bez, AnzPerson, Zeitpunkt)*

K 2.4 Gib alle Relationen an, die sich durch die in deinem ER-Diagramm dargestellten Entitymengen ergeben!

Das bearbeitete Modell „Inszenierung" besitzt eine 1:n-Beziehung und auch n:m-Beziehungen. Somit finden die Regeln 3 und 4 ihre Anwendung. Jedes Mitglied der Profilgruppe übernimmt z. B. eine Aufgabe. Der Primärschlüssel ANr der Entitymenge Aufgabe wird als Fremdschlüssel in die Relation Mitglied aufgenommen. Es ergibt sich somit:

– *Mitglied (MNr, Name, Vorname, Klasse, ANr)*

K 2.5 Übertrage das in Aufgabe K 2.3 entstandene Entity-Relationship-Diagramm in ein relationales Modell! Nutze dazu die notwendigen Regeln und gib die Tabellen an!

K 2.6 Lege für das in Aufgabe K 2.5 erhaltene relationale Modell die jeweiligen Datentypen für die verschiedenen Attribute der Relationen fest! Nutze dazu auch die Übersicht in Abschnitt 2.4 (↗ S. 69).

K 2.7 Übertrage dein relationales Modell aus Aufgabe K 2.6 in ein DBMS. Trage die nötigen Daten ein! Nutze die entstandene Datenbank zur Vorbereitung der Inszenierung.

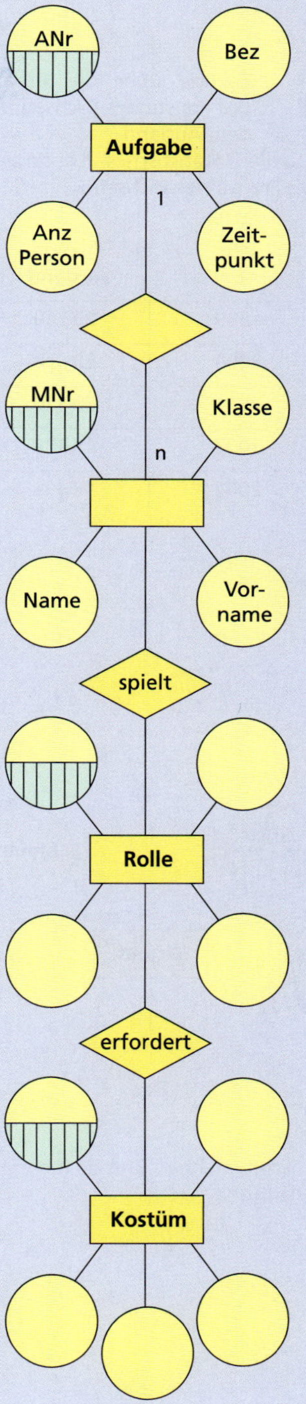

1 Mögliches ER-Diagramm

Heimat in der Fremde – fremde Heimat

Zuzüge über die Grenze des Freistaates Sachsen aus dem Ausland (Quelle: Statistisches Landesamt des Freistaates Sachsen):

Jahr	Zuzüge Ausland
1999	20 560
2000	20 528
2001	20 470
2003	19 386
2004	18 491

Jedes Jahr ziehen mehrere Tausend Familien aus dem Ausland in den Freistaat Sachsen. Die Gründe dafür sind vielschichtig.

Aspekte der Migration stellen einen wesentlichen Faktor der Bevölkerungsentwicklung dar. Sie sind auch zunehmend bei Fragen zu Gesellschaft, Wirtschaft, Politik und Kultur zu berücksichtigen. Unter der **Migration** (lat. migratio: Wanderung) werden im gesellschaftswissenschaftlichen Bereich in der Regel eine dauerhafte Verlegung des Wohnsitzes (von Menschen) an einen anderen Ort, in eine andere Region oder in ein anderes Land zusammengefasst. Diese Wanderung von Menschen kann nach der Richtung der Bewegung unterschieden werden in Binnenwanderung, Emigration und Immigration.

G **2.1** In der nebenstehenden Tabelle sind die Zuzüge der vergangenen Jahre aus dem Ausland in den Freistaat Sachsen zusammengefasst. Ergänze diese Tabelle bis hin zum letzten Jahr! Informiere dich über Gründe der Zuwanderung von Familien. Fasse die Gründe in Kategorien zusammen und erstelle eine geeignete Übersicht!

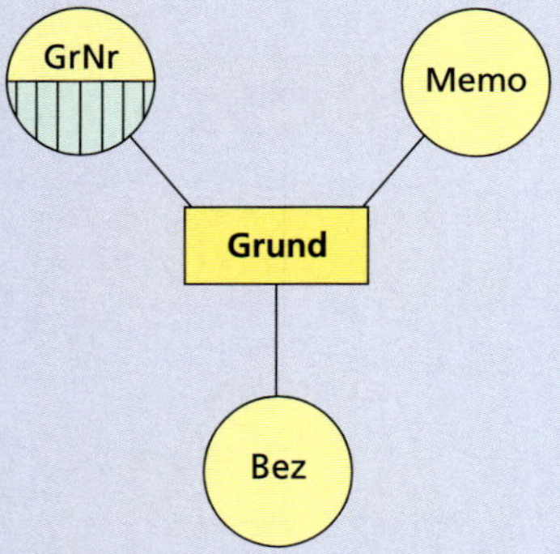

1 Entitymenge „Grund" mit Attributen

Sicherlich hast du festgestellt, dass es eine Vielzahl von Gründen für eine Emigration aus dem Heimatland und somit eine Immigration nach Deutschland, auch nach Sachsen, gibt.

In einer Datenbank sollen die Daten zu Fragen der Migration für einen begrenzten Problembereich zusammengefasst werden. Ein erstes mögliches Kriterium stellt der Grund der Emigration aus einem anderen Land, beispielsweise nach Sachsen, dar. Neben der Bezeichnung, also dem „Namen" typischer Gründe, könnten erläuternde Informationen dazu als „Memo" gespeichert werden. Natürlich ist ein Primärschlüssel notwendig (↗ S. 63).

G **2.2** Bildet Gruppen von 2 bis 3 Schülern. Informiert euch in diesen Gruppen zu jeweils einem Grund der Emigration ausführlich! Erarbeitet eine Übersicht, die die Länder zusammenfasst, für die dieser Grund relevant ist! Welche Informationen zum jeweiligen Land sind noch interessant? Stellt die Ergebnisse eurer Arbeit in der Klasse vor!

Die Ergebnisse aus Aufgabe G2.2 können auch in einer Entitymenge „Land" zusammengefasst werden. Neben dem Namen des Landes könntest du beispielsweise geografische Daten, wie den Kontinent oder die Hauptstadt, mit aufnehmen. Aber auch Informationen zum politischen System sind von Bedeutung.

Wie werden aber die Gründe der Emigration behandelt?

Dazu soll der Zusammenhang zwischen Grund und Land, die Land-liefert-Grund-Beziehung, etwas genauer betrachtet werden. Es gibt Länder, die besitzen mehrere Gründe zur Emigration. Andererseits sind die einzelnen Gründe auch durchaus in mehreren Ländern wiederzufinden. Die **Land-liefert-Grund-Beziehung** ist eine **m:n-Beziehung.** Die Zuordnung der Emigrationsgründe zum jeweiligen Land erfolgt durch diese Beziehung. Das ER-Modell wird unter Verwendung der Regeln in ein relationales Modell, also in ein Datenbankschema, umgewandelt.

G 2.3 Ergänze das ER-Modell (↗ Bild 1, S.84) um die Entitymenge „Land". Vervollständige das dazugehörige ER-Diagramm! Übertrage dieses Modell nun in ein relationales Modell. Nutze dazu die Transformationsregeln (↗ S.65f.)!

Sicherlich gibt es auch in deinem Ort, in deinem Landkreis Familien, die aus dem Ausland eingewandert sind. Wenn du diese Familien befragst oder entsprechende persönliche Daten verarbeitest, musst du die Bestimmungen des Datenschutzes beachten.

G 2.4 Erkundigt euch über das Einwohnermeldeamt eures Ortes, den Ausländerbeauftragten des Landkreises oder durch Gespräche mit Einwandererfamilien über deren Situation, das Herkunftsland und die Gründe der Emigration aus dem Heimatland! Welche Daten dürft ihr erfragen und weiterverarbeiten? Informiert euch zum Datenschutz, nutzt auch den Abschnitt 4.4 in diesem Buch!

G 2.5 Fasse die gesammelten Informationen aus Aufgabe G2.4 zu einer Entitymenge zusammen und erweitere das ER- und das relationale Modell aus Aufgabe G2.3! Setze anschließend das relationale Modell als Datenbank um!

i Eine verheerende Naturkatastrophe der letzten Jahre war der Tsunami vom 26.12.2004 im Indischen Ozean. Dabei starben mehr als 175 000 Menschen. Auch Sri Lanka war davon betroffen.

Sri Lanka gilt als ein Land, aus dem jährlich zahlreiche Asylbewerber nach Europa, so auch nach Deutschland einreisen – insbesondere aus den tamilisch besiedelten Gebieten. Nicht alle Bewerber erhalten auch Asyl. Die Folge ist die sogenannte „Abschiebung" in das Herkunftsland.
Für den 13. Januar 2005 war ein weiterer „Abschiebeflug" nach Sri Lanka geplant, also unmittelbar nach der zerstörenden Tsunami-Katastrophe. Dieses Vorhaben rief erhebliche Proteste verschiedenster Organisationen und Institutionen hervor.

Energie-, Nähr- und Wirkstoffgehalt von Nahrungsmitteln – Zusammenhänge und Wechselwirkungen

Als Inhaltsstoffe werden Nährstoffe sowie Wirk- und Ergänzungsstoffe unterschieden. Nährstoffe sind Kohlenhydrate, Fette und Eiweiße. Unter dem Begriff der Wirk- und Ergänzungsstoffe werden Vitamine, Mineralstoffe und Ballaststoffe zusammengefasst.

Die Ernährung des Menschen hat wesentlichen Einfluss auf seine Leistungsfähigkeit und sein Wohlbefinden. Wenn du dich gesund ernähren willst, darfst du nicht nur auf den Energiegehalt deiner Nahrung achten, wichtig sind auch deren Inhaltsstoffe.

Mithilfe einer Datenbank sollen verschiedene Daten zum Thema Ernährung systematisch erfasst und anschließend Zusammenhänge und Wechselwirkungen betrachtet werden. Sehen wir uns zunächst die Inhaltsstoffe der Nahrung genauer an. Nährstoffe sowie Wirk- und Ergänzungsstoffe kannst du in einer Entitymenge zusammenfassen. Neben einem geeigneten Primärschlüssel und der Bezeichnung des jeweiligen Inhaltsstoffes wird dessen Tagesbedarf miterfasst.

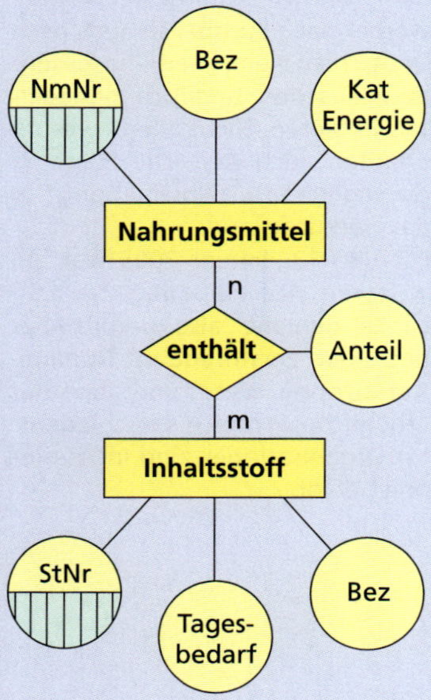

1 Ausschnitt eines Entity-Relationship-Diagramms

Die verschiedenen Stoffe finden sich zu unterschiedlichen Anteilen in unserer Nahrung, also in den verschiedenen Nahrungsmitteln wieder. Charakteristisch für ein Nahrungsmittel sind zusätzlich dessen Name bzw. Bezeichnung und der Energiegehalt. Somit lässt sich ein erstes **Entity-Relationship-Diagramm** darstellen (↗ Bild 1 und S. 63).

Die Einteilung des Energiegehaltes der verschiedenen Nahrungsmittel pro 100g in Kategorien ermöglicht eine differenzierte Darstellung zur Energie. Natürlich kannst du auch mit den genaueren Energiewerten arbeiten.

Energie wird z.B. durch Bewegung, durch Sport umgewandelt. Dabei kannst du üblicherweise die ausgeführten Tätigkeiten bezüglich ihres Energiebedarfs pro Zeiteinheit in „leicht“, „mittel“ und „hoch“ einteilen.

Mögliche Einteilung in Energiekategorien; Energiegehalt in kJ (kcal) pro 100g:

0 (0) … 400 (96) Kat I
400 (96) … 600 (143) Kat II
600 (143) … 800 (191) Kat III
usw.

Es gilt:
1 kcal = 4,1868 kJ
1 kJ = 0,2388 kcal

S 2.1 In einer eigenen Entitymenge „Energie“ sollen für jede „Energiekategorie“ neben dem Bereich (kJ (kcal) von, kJ (kcal) bis) auch die Dauer angegeben werden, die zur Umwandlung dieser Energie in der jeweiligen Tätigkeitsstufe notwendig ist.
Gib für die Entitymenge „Energie“ die dafür notwendigen Attribute an! Vervollständige das ER-Diagramm von ↗ Bild 1!
Hast du an eine vollständige Bezeichnung gedacht – zum Beispiel an Primärschlüssel, Relationship, Kardinalität?

Das in der Aufgabe S 2.1 entstandene ER-Diagramm soll nun unter Verwendung der Transformationsregeln (↗ S. 65f.) schrittweise in ein relationales Modell überführt werden. Nach Anwendung der Regel 1 erhältst du beispielsweise folgende Relation:

– *Inhaltsstoff (StNr, Bez, Tagesbedarf)*

S 2.2 Gib alle Relationen an, die sich durch die in deinem ER-Diagramm dargestellten Entitymengen ergeben!

Zur Einarbeitung der Beziehungen in das relationale Modell finden insbesondere die Regeln 3 und 4 ihre Anwendung. Die **Nahrungsmittel-enthält-Inhaltsstoff-Beziehung** ist z.B eine n:m-Beziehung. Diese Beziehung besitzt ein zusätzliches Attribut „Anteil". Der jeweilige Attributwert gibt an, wie hoch der Anteil des betreffenden Inhaltsstoffes im betrachteten Nahrungsmittel ist. Somit wird eine neue Relation notwendig:

– *Enthält (ENr, NmNr, StNr, Anteil)*

S 2.3 Übertrage das in S 2.2 entstandene Entity-Relationship-Diagramm vollständig in ein relationales Modell. Nutze dazu die notwendigen Regeln und gib die entstandenen Tabellen an! Lege nun für das so erhaltene relationale Modell die jeweiligen Datentypen für die verschiedenen Attribute der Relationen fest! Nutze die Übersicht in Abschnitt 2.4 (↗ S. 69).

S 2.4 Übertrage dein relationales Modell aus Aufgabe 2.3 in ein DBMS. Trage die notwendigen Daten ein!
Ermittle nun unter Nutzung deiner Datenbank den Energiegehalt, den du im Laufe eines Tages durch deine Ernährung zu dir nimmst! Überprüfe, ob mit dieser Ernährung der Tagesbedarf an den verschieden Inhaltsstoffen abgedeckt wird!
Welche Tätigkeiten müsstest du durchführen, um den aufgenommenen Energiegehalt umzusetzen? Wie verhält sich die zugeführte Energiemenge zu deinem Energiebedarf?

Es gilt: Ist die zugeführte Energiemenge größer als dein Energiebedarf, werden die körpereigenen Speicher aufgefüllt, d.h., du nimmst an Gewicht zu. Im umgekehrten Fall nimmst du ab.

i Das bisherige ER-Modell kannst du erweitern bezüglich der verschiedenen Tätigkeiten und der damit verbundenen Einordnung dieser in die Kategorien zum Energiebedarf leicht, mittel und hoch.
Als leichte Tätigkeiten können z.B. lockeres Radfahren oder das Gehen zur Schule angesehen werden. Während beispielsweise Tischtennis spielen als mittlere Tätigkeit gilt, stellen Joggen oder Schwimmen Tätigkeiten mit hohem Energiebedarf dar.

Ausgewählte Tätigkeiten und deren Energiebedarf pro 30 Minuten:

Tätigkeit	Energie in kj (kcal)
Gehen	630 (150)
Rasen mähen	920 (220)
Klavier spielen	325 (78)
Schlagzeug spielen	545 (130)
Fußball	1090 (260)
Joggen	1575 (376)
Ringen	1590 (380)
Schwimmen	1325 (316)
Tennis	920 (220)

1 Durch aktives Sporttreiben wird der Energiebedarf erhöht.

Datenbanksysteme

Ein **Datenbanksystem** ist eine systematische und strukturierte Zusammenfassung von Daten eines Problembereiches **(Datenbasis)** einschließlich der zur Eingabe, Verwaltung, Auswertung und Ausgabe erforderlichen Software **(Datenbankmanagementsystem, DBMS).**

Datenbanksystem = Datenbasis + Datenbankmanagementsystem

Relationale Datenmodellierung und Datenbanken

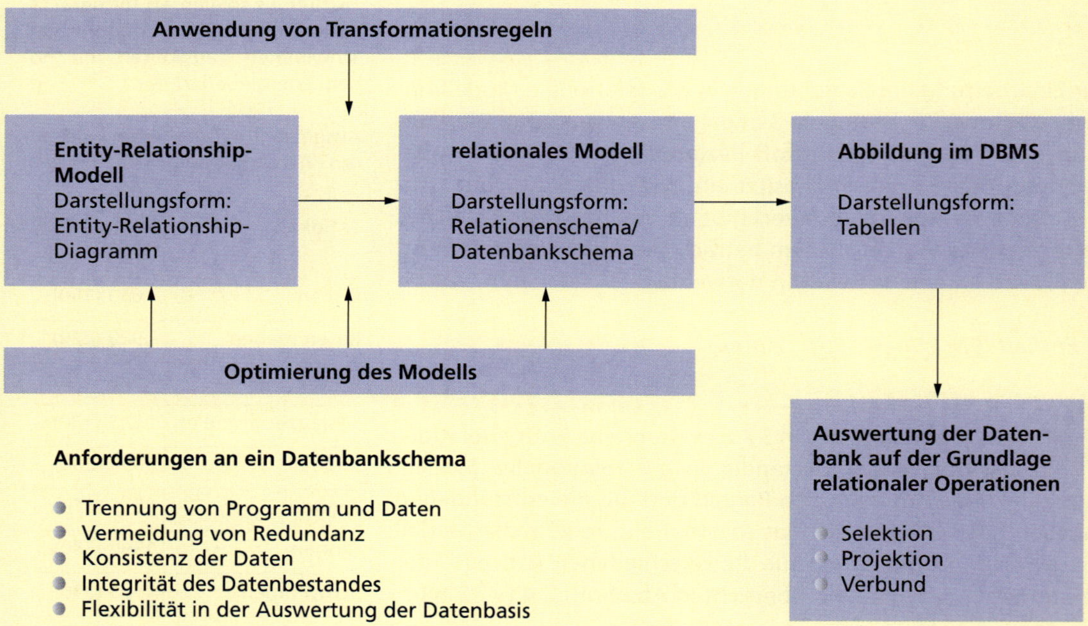

Anforderungen an ein Datenbankschema

- Trennung von Programm und Daten
- Vermeidung von Redundanz
- Konsistenz der Daten
- Integrität des Datenbestandes
- Flexibilität in der Auswertung der Datenbasis

Ausgewählte Klassen in Datenbanksystemen

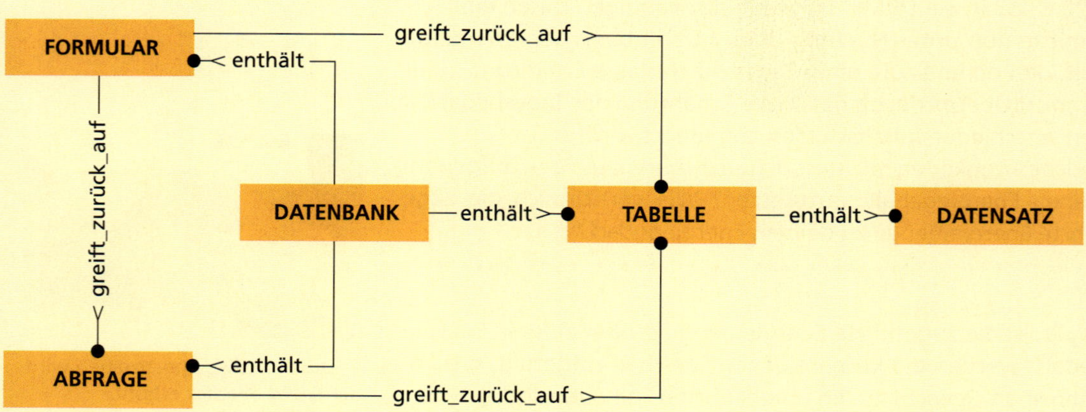

3 Algorithmen und Programme

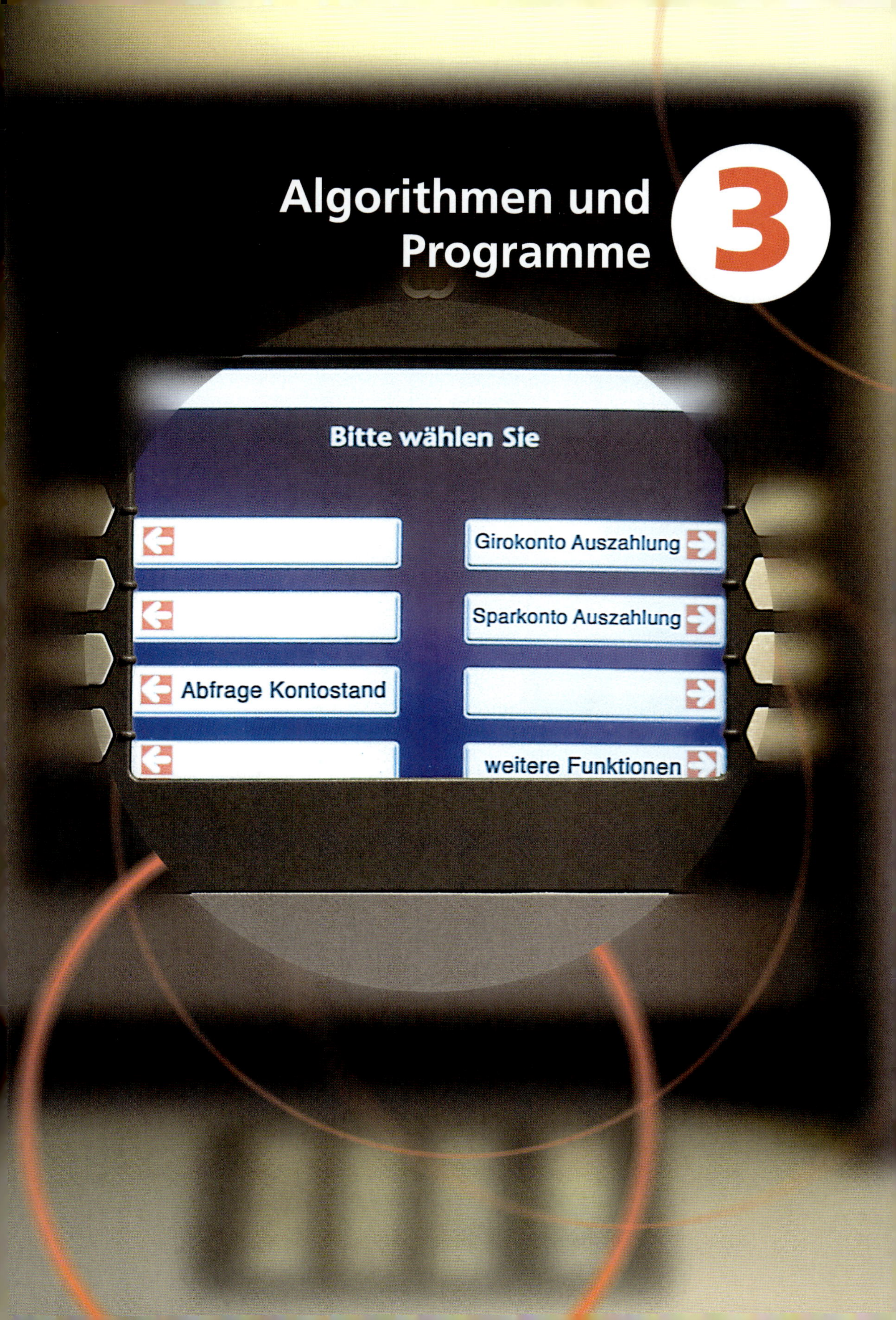

3.1 Algorithmus – gestern und heute

LEPPS PMWE,
MGL KPEYFI MGL FMR
ZIVPMIFK MR HMGL.
AIRR HY QMGL EYGL
IMR FMWWGLIR
QEKWX, OSQQ
QSVKIR REGLQMXXEK
YQ ZMIV MR HMI
IMWHMIPI.
MGL AEVXI EYJ HMGL.
HIMR GLVMWXSTL

Lisa hat einen eigenartigen Brief in ihrer Federtasche gefunden. Sie ist neugierig geworden, vielleicht ist er in einer Fremdsprache geschrieben. Nach kurzer Überlegung kann sie diesen Verdacht ausschließen. Also muss es etwas anderes sein, eine Geheimschrift vielleicht?
Es dauert nicht lange, und Lisa hat das Rätsel gelöst. „lepps pmwe" heißt „Hallo Lisa" und der Rest ist ein Kinderspiel. Sie schreibt sich das Alphabet auf und darunter das Geheimalphabet.

A	B	C	D	E	F	G	H	I	J	K	L	M	N	O	P	Q	R	S	T	U	V	W	X	Y	Z
E	F	G	H	I	J	K	L	M	N	O	P	Q	R	S	T	U	V	W	X	Y	Z	A	B	C	D

A 3.1 Was veranlasste Lisa, die These von der Fremdsprache zu verwerfen? Erkläre, durch welche Überlegungen sie den „Schlüssel" zur Entzifferung der Geheimschrift gefunden haben könnte! Übersetze den ganzen Brief. Beschreibe dein Vorgehen!

Die Regel für die Geheimschrift ist ganz einfach: Jeder Buchstabe wird durch den ersetzt, der 4 Plätze hinter dem ursprünglichen liegt, W, X, Y und Z durch die ersten Buchstaben im Alphabet.
Lisa beschließt, Christoph eine Antwort zu schreiben und stöbert dazu im Internet, um ihn eine richtige Nuss knacken zu lassen. Sie sucht nach **Verschlüsselungsverfahren** und findet gleich als Erstes das, was Christoph verwendet hat. Es heißt **Cäsarchiffre** und war schon im alten Rom bekannt.
Lisa benutzt jedoch ein anderes Verfahren, das **Vigenere-Verfahren:**

- Wähle ein Schlüsselwort.
- Ersetze im Text und im Schlüsselwort alle Umlaute (ä→ae, ö→oe, ü→ue) und „ß" durch „ss".
- Schreibe das Schlüsselwort immer wieder unter den zu verschlüsselnden Text, bis unter jedem Buchstaben des Textes ein Buchstabe des Schlüsselwortes steht.
- Ordne jedem Buchstabe des Schlüsselwortes als Zahl seinen Platz im Alphabet zu (A→1, B→2, ..., Z→26).
- Verschiebe jetzt die Buchstaben des zu verschlüsselnden Wortes um diese Zahl. Wenn du dabei ans Ende des Alphabets kommst, fang vorn wieder an.

Es dauert gar nicht lange, und Lisa hat die Antwort auf einen Zettel geschrieben.

Vigenere Verfahren

Originaltext:
Hallo Chris, ich werde da sein. Dann können wir über alles reden. Bis dann, Lisa

Schlüsselwort: Christoph

Verschlüsselter Text:
kiduh wwhqv, quq pygtm gi knbh. sqvq sgnghtd elz mnuyg qtomk axxtd. jla vjgh, ayad

Und so geht es:

HALLO	CHRIS,
CHRIS	TOPHC
3 8 18 9 19	20 15 16 8 3
KIDUH	*WWHQV*

ICH	WERDE	DA...
HRI	STOPH	CH
8 18 9	19 20 15 16 8	3 8
QUQ	*PYGTM*	*GI...*

A 3.2 Probiere das Vigenere-Verfahren selbst aus. Arbeite dabei mit einem Partner! Ver- und entschlüsselt jeweils einen kurzen Text. Schreibe die Arbeitsschritte zum Entschlüsseln des Textes auf!

Es ist einfach, den Handlungsanweisungen zum Ver- und Entschlüsseln zu folgen, wenn sie gut strukturiert dargestellt wurden. Vergleichbare **Handlungsanweisungen** findest du in vielen Bereichen, beispielsweise in Gebrauchsanweisungen, Bastelanleitungen, Spielregeln, mathematischen Lösungsverfahren oder Anleitungen zur Durchführung von Experimenten.

In der Informatik und der Mathematik heißen solche Handlungsvorschriften Algorithmen. Unter einem **Algorithmus** versteht man eine Folge von Anweisungen, die folgenden Kriterien genügt:

i AL-CHWARIZMI lebte ca. 780 bis 850. Vom Namen dieses persischen Gelehrten ist das lateinische Wort „Algorithmus" abgeleitet. AL-CHWARIZMI führte die Zahl „Null" aus dem indischen in das arabische Zahlensystem ein und beschrieb in seinen Werken viele systematisch-logische Schrittfolgen zur Lösung von mathematischen Problemen.

Eindeutigkeit:
Mit jeder Anweisung ist auch die nächstfolgende festgelegt. Wird der Algorithmus mit den gleichen Voraussetzungen gestartet, so liefert die Ausführung stets gleiche Ergebnisse.

Endlichkeit:
Ein Algorithmus besteht aus endlich vielen Anweisungen. In der Praxis muss ein Algorithmus nach endlich vielen Schritten ein Resultat liefern.

Ausführbarkeit:
Jede einzelne Anweisung muss für den Ausführenden des Algorithmus verständlich und eindeutig ausführbar sein.

Ein **Algorithmus** ist eine Verarbeitungsvorschrift, die aus einer endlichen Folge von eindeutig ausführbaren Anweisungen besteht. Unter gleichen Voraussetzungen liefert die Ausführung eines Algorithmus stets gleiche Ergebnisse.

In der Informatik sind Algorithmen sehr wichtig, denn jedes Computerprogramm besteht aus Teilalgorithmen, die zusammen einen komplexen Algorithmus bilden. Um einen Algorithmus durch Computer „abarbeiten" zu lassen, muss man ihn natürlich anders darstellen als eine Handlungsvorschrift für Menschen. Der Algorithmus liegt dann in Maschinensprache, also in Binärcode (Bitcode) beziehungsweise **Hexadezimalcode** vor.

Hexadezimalcode
Ausschnitt aus einem Programm zur Verschlüsselung:

```
F2 00 19 04   00 0C 21 08
66 04 B0 21   0A 73 63 68
04 AD 22 07   63 68 69 66
73 63 68 66   04 D3 20 02
63 68 69 65   62 16 06 06
0C 46 69 6E   61 6C 69 7A
61 E9 00 5C   21 20 0C 63
31 C7 00 00   00 00 00 10
```

Bei Hexadezimalcode handelt es sich um eine verkürzte Darstellung von Binärcode, **F2** steht hier zum Beispiel für **1111 0010.**

Ausgewählte Programmiersprachen und ihr Entstehungsjahr:

1954	**FORTRAN**
1958	**ALGOL**
1959	**LISP**
1960	**COBOL, BASIC**
1971	**Pascal**
1972	**C**
1975	**Prolog**
1983	**C++**
1991	**Visual Basic**
1995	**Delphi**
1995	**Java**
1997	**PHP, JavaScript**

Standardisierte Zeichen für Programmablaufpläne (PAP)

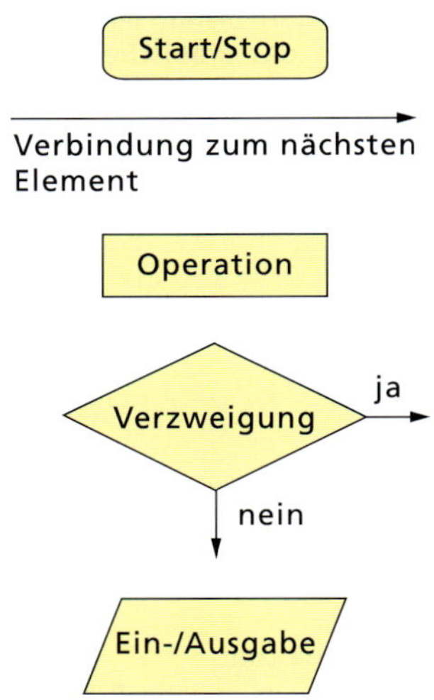

Die ersten Computer wurden durch Lochkarten oder -streifen mit Binär- bzw. Hexadezimalcode „gefüttert".

Schon Anfang der fünfziger Jahre des 20. Jahrhunderts schufen sich Computerhersteller und Programmierer Hilfsmittel, mit denen sie sich die Eingabe von Binärcode ersparen konnten. Sie entwickelten Betriebssysteme und **Programmiersprachen,** die eine automatische Generierung von Hexadezimalcode ermöglichten. Die ersten Sprachen, Assembler genannt, bestanden aus verkürzten englischen Worten, z.B. ADD (addieren), LD (load = laden) oder JP (jump = springen) und waren prozessorabhängig. Sie wurden bald durch höhere, also menschennähere Programmiersprachen ergänzt und ersetzt. Die Programmierung kann damit heute weitgehend unabhängig vom Prozessor erfolgen und ist wesentlich einfacher geworden.

Ein Programmierer kann je nach Anforderungsbereich und eigenem Können aus einer Vielzahl moderner Programmiersprachen wählen. Besonders verbreitet sind heute C++, Java, PHP, Visual Basic und Delphi.

Grundsätzlich lassen sich alle Algorithmen in jeder Programmiersprache darstellen. Allerdings sehen diese Darstellungen zum Teil sehr unterschiedlich aus. Findet jemand einen neuen Algorithmus, z.B. zum Verschlüsseln von Daten und will ihn veröffentlichen, ist es nicht sinnvoll, ihn im Quelltext seiner Lieblingsprogrammiersprache weiterzugeben. Verwendet werden hier oft formalisierte, meist grafisch unterstützte Darstellungen, wie **Programmablaufpläne** oder Struktogramme.

Es ist allerdings auch möglich, den Algorithmus in reiner „Menschensprache" zu formulieren, so wie du es am Beispiel des Vigenere-Algorithmus gesehen hast. Eine solche Beschreibung von Computeralgorithmen bezeichnet man als **Pseudocode.**

A 3.3 Wähle einen Ablauf aus dem Alltagsleben, beschreibe ihn zunächst verbal und stelle ihn dann formalisiert mit den Elementen eines Programmablaufplanes dar!

Beispiel PAP: Fieber mit elektrischem Fieberthermometer messen

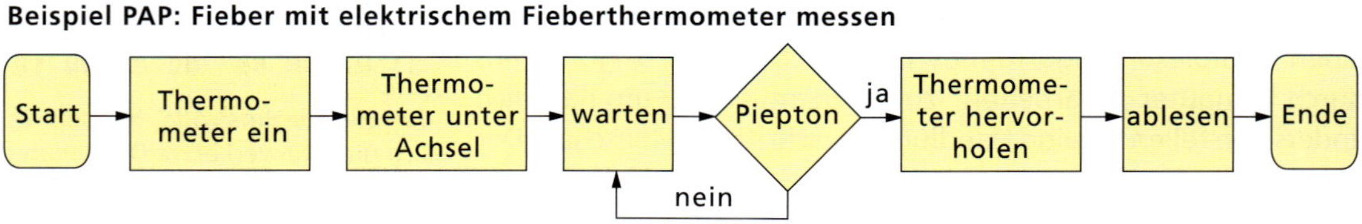

Um eine Vorstellung davon zu erhalten, welche Unterschiede und Gemeinsamkeiten Computerprogramme haben, die ein und denselben Algorithmus beschreiben, wird das Cäsar-Verfahren auf unterschiedliche Weise dargestellt.

```
l:=length(text);
for k := 1 to l do begin
    ascii := ord (text [k] );
    if ( ascii<91 ) and ( ascii>64 )
    then begin
      ascii := ascii + vzahl;
      if ascii>90 then
        ascii := ascii-26;
      text [k] := chr(ascii)
    end;
end;
```

```
for (int i=0; i<text.length(); i++)
{
  zeichen = text.charAt(i);
  ascii = (byte)zeichen;
  if (ascii<91 && ascii>64)
  {
      ascii += verschieben;
      if(ascii>90) ascii -= 26;
      zeichen = (char)ascii;
  }
  system.out.print(zeichen);
}
```

A 3.4 Vergleiche die beiden Quelltexte mit dem Pseudocode (unten rechts)! Erkennst du Gemeinsamkeiten?

Ein **Computerprogramm** ist ein in einer Programmiersprache formulierter Algorithmus.

Alle Probleme, die sich mithilfe von Computern lösen lassen, basieren auf Algorithmen (↗ S. 56). Es gibt aber auch Aufgaben, für die ein Computer nicht geeignet ist, die nicht durch einen Algorithmus beschreibbar sind oder für deren Berechnung selbst die leistungsfähigsten Rechner zu viel Zeit benötigen. Ein Beispiel: Prinzipiell wäre es möglich, wesentlich exaktere Wettervorhersagen zu machen, wenn mehr Messpunkte einbezogen würden. Die Computer müssten dafür aber tagelang rechnen und das vorherzusagende Wetter wäre dann schon Vergangenheit.

A 3.5 Entscheide, welche der folgenden Abläufe nicht durch einen Algorithmus beschrieben werden können! Begründe deine Antwort, indem du Eigenschaften eines Algorithmus nennst, die nicht erfüllt sind!
- Auswechseln eines defekten Fahrradschlauchs
- Schreiben eines Liebesbriefes
- Schriftliche Division zweier rationaler Zahlen
- Bepflanzen eines Gartens
- Nennen aller Primzahlen

Völlig unabhängig von der verwendeten Programmiersprache ist die Darstellung von Zeichen im Speicher des Computers. Jedes Zeichen – also auch die Buchstaben – werden in einem Bitmuster codiert, wobei der sogenannte **ASCII-Code** allgemeiner Standard ist.
(**A**merican **S**tandard **C**ode for **I**nformation **I**nterchange, sprich aski – eingeführt 1968, bis heute mehrfach erweitert und länderspezifisch angepasst.)

Darstellung der Großbuchstaben im ASCII - Code (Auswahl)

	Bitcode	ASCII
A	01000001	65
B	01000010	66
C	01000011	67
...	...	...
Z	01011010	90

Cäsarchiffre, Pseudocode:

- Gib Text und Verschiebezahl ein!
- Bestimme die Anzahl der Zeichen des Textes!
- Wiederhole vom ersten bis zum letzten Zeichen!
- Ermittle die Code-Nummer des Zeichens!
- Wenn es ein Buchstabe ist, dann
  - addiere die Verschiebungszahl zur ermittelten Zahl,
  - wenn die Summe größer 90 ist, subtrahiere 26!
  - Ersetze den derzeitigen Buchstaben durch den zur Summe gehörenden!
- Gib den verschlüsselten Text aus!

3.2 Algorithmen verarbeiten Daten

Du hast im letzten Abschnitt erfahren, dass ein Computer nur Binärcode verarbeiten kann. Das gilt natürlich nicht nur für die Programme, sondern auch für alle Eingaben, die der Computer verarbeitet. Egal, ob du mit dem Computer einen Text schreibst, eine Tabellenkalkulation verwendest, ein Spiel spielst oder ob der Computer Daten von Sensoren verarbeitet und einen Roboter steuert, alle Eingaben werden letztendlich zu einem Binärcode, der in Kurz- oder Langzeitspeichern abgelegt wird. In den meisten Fällen musst du nicht darüber nachdenken, was dort abläuft, die Computerprogramme nehmen dir in Verbindung mit dem Betriebssystem die Codierung ab und zeigen auf dem Bildschirm Bilder, Texte oder Zahlen, wie du sie im täglichen Leben verwendest. Manchmal merkst du aber auch, dass es da wohl Missverständnisse gibt:

während der Eingabe

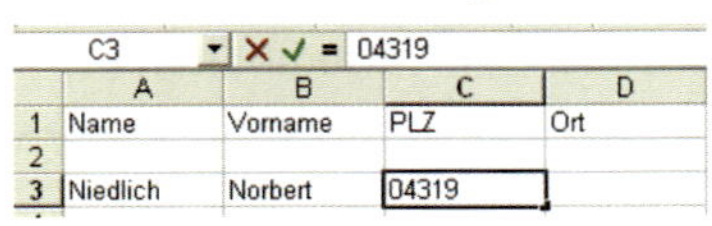

C3 = 04319

	A	B	C	D
1	Name	Vorname	PLZ	Ort
2				
3	Niedlich	Norbert	04319	

kurz nach der Eingabe

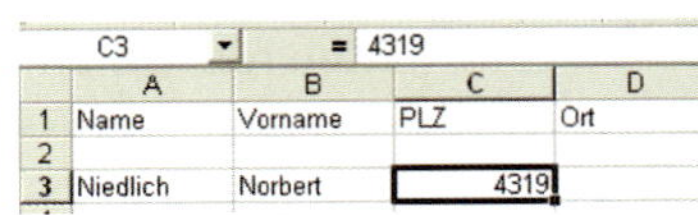

C3 = 4319

	A	B	C	D
1	Name	Vorname	PLZ	Ort
2				
3	Niedlich	Norbert	4319	

A 3.6 Vergleiche den Inhalt des Feldes C3 während der Eingabe und kurz danach! Was ist passiert? Suche nach Möglichkeiten, die deine Tabellenkalkulation bietet, um den „Fehler" zu beheben?

1 Das könnte es bedeuten:
48,3332901
1111577930
16961 21834
-15807 -10934
66 65 85 74
-62 -63 -43 -54
B A U J
...

Wenn du selbst Algorithmen in Computerprogramme umsetzt, dann ist es deine Aufgabe, dafür zu sorgen, dass der Computer die Eingaben richtig aufnimmt, verarbeitet und die Ergebnisse so darstellt, dass der Benutzer etwas damit anfangen kann. Also musst du etwas über die Darstellung von Daten im Computer wissen.

01000010 01000001 01010101 01001010

Was dieser Binärcode-Schnipsel tatsächlich repräsentiert, kann selbst Mr. Holmes nicht herausbekommen. Es könnte ein kleiner Teil der Codierung eines Bildes sein oder eines Textes oder eine Zahl oder zwei Zahlen oder vier Zahlen oder ...
Von Interesse ist in erster Linie, welche Typen von Daten es überhaupt gibt, welche Eigenschaften sie haben, und welche Datentypen für den konkreten Algorithmus benötigt werden.

Du hast bereits im Abschnitt 2.4 des Kapitels Datenbanken (↗ S. 65) einige Datentypen kennengelernt. Nicht alle diese Typen findest du in einer Programmiersprache wieder. Manche davon sind strukturiert, wie z.B. der Datumstyp. Der Programmierer schafft sich diese Datentypen aus dem vorhandenen Fundus, wenn er sie benötigt. Es wird zwischen einfachen (elementaren) und zusammengesetzten (strukturierten) Datentypen unterschieden. Zu jedem dieser Datentypen gibt es in der Programmiersprache typische, vordefinierte Operationen.

Die Übersicht enthält Datentypen, die in einer großen Anzahl von Programmiersprachen vorhanden sind. Die blau unterlegten Typen werden im nächsten Abschnitt von Bedeutung sein.

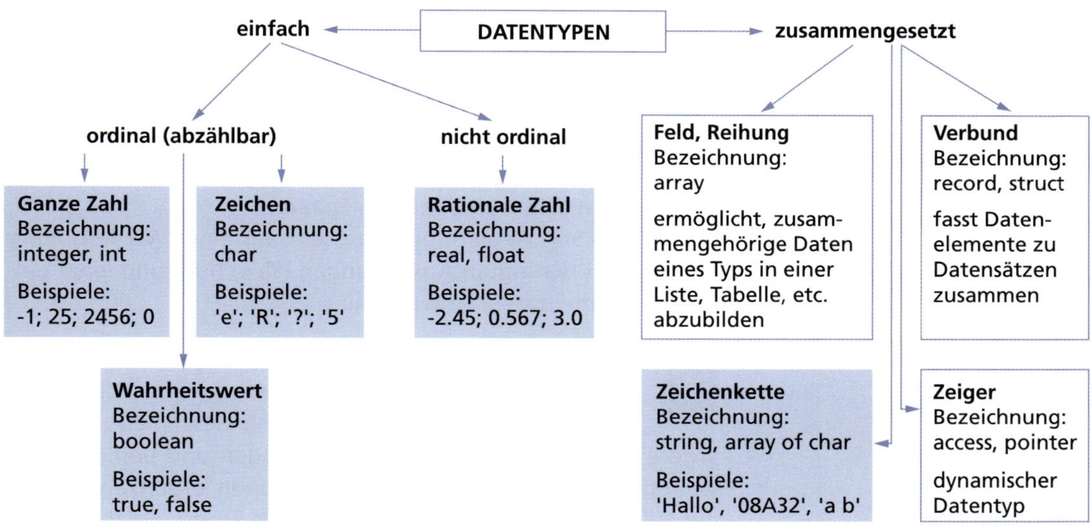

A 3.7 Informiere dich, wie die hervorgehobenen Datentypen in der im Unterricht zu verwendenden Programmierumgebung bezeichnet werden! Gibt es „Untertypen" bei ganzen und rationalen Zahlen? Notiere jeweils die größte und die kleinste ganze Zahl, die sich damit darstellen lässt!

Mithilfe von Algorithmen werden Daten verarbeitet. Diese Daten werden im Computer als Binärcode dargestellt. Die Codierung und Decodierung erfolgt entsprechend dem gewählten Datentyp.

In einer Programmierumgebung legst du Datentypen fest, indem du für die zu verarbeitenden Daten Platzhalter (Variablen) anlegst und diese dem gewählten Datentyp zuordnest. Dann übernimmt das System die Codierung, Speicherung und Decodierung.

i **Variablenvereinbarungen:**

in Pascal/Delphi

```
var zahl1, zahl2:integer;
zahl3:real;
```

in Java/C

```
int zahl1, zahl2;
float zahl3;
```

Programmablaufplan:
„Mensch ärgere dich nicht" – die ersten Schritte

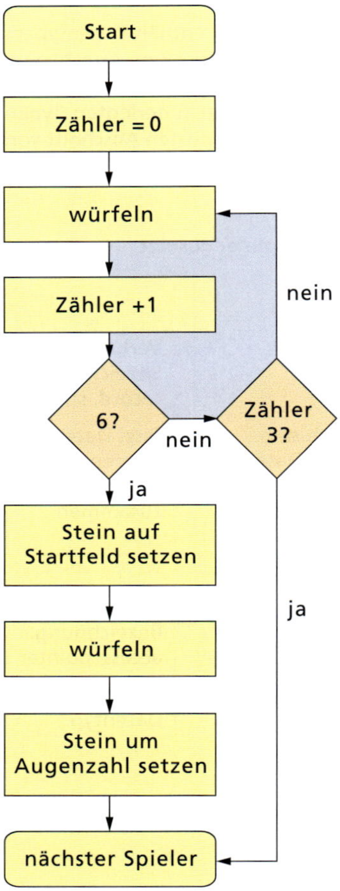

Struktogramm:
„Mensch ärgere dich nicht" – die ersten Schritte

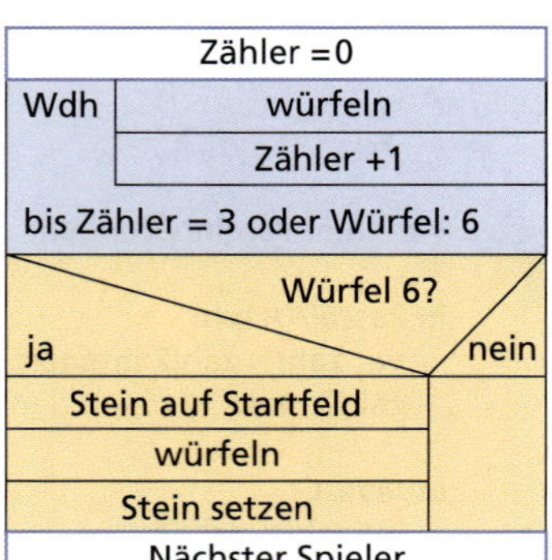

3.3 Algorithmische Grundstrukturen

Sicher kennst du einige Brettspiele. Die zugehörigen Spielanleitungen sind oft sehr umfangreich, denn sie beschreiben jede vorstellbare Spielsituation und geben so den Mitspielern eine genaue Handlungsvorschrift. Eine solche, allerdings einfache, Spielanleitung soll uns Einblicke in grundlegende Strukturen von Algorithmen geben. Betrachten wir „Mensch ärgere dich nicht".

Handlungsvorschrift für den Spielbeginn:

- Würfle, bis eine „6" fällt oder du dreimal gewürfelt hast.
- Wenn du eine „6" hast,
  setze eine Spielfigur auf dein erstes Feld,
  würfle noch einmal und
  setze deine Spielfigur entsprechend der gewürfelten Augenzahl nach vorn.
- Gib den Würfel zum nächsten Spieler.

Diese Folge von Anweisungen besteht aus einer **Wiederholung** (Zyklus), aus **bedingten Anweisungen** (Selektion) und einer einfachen (elementaren) Anweisung.

A 3.8 Bildet Gruppen und diskutiert, an welchen Stellen einer vollständigen Spielanleitung des Spiels „Mensch ärgere dich nicht" weitere Wiederholungen und bedingte Anweisungen stehen müssten! Schreibe einen ergänzenden Teil der Spielanleitung in Pseudocode oder als Programmablaufplan (PAP) und kennzeichne die verwendeten Grundstrukturen!

Um Strukturen in Algorithmen und daraus zu entwickelnden Computerprogrammen darzustellen, gibt es neben dem **Programmablaufplan** noch andere Ansätze der grafischen Veranschaulichung. Weit verbreitet ist das *Nassi-Shneiderman-Diagramm,* benannt nach seinen „Schöpfern" Dr. Ike Nassi und Dr. Ben Shneiderman. Diese Darstellung wird auch als **Struktogramm** bezeichnet.

A 3.9 Vergleiche den Pseudocode oben mit den nebenstehenden grafischen Umsetzungen im Programmablaufplan und Struktogramm! Beschreibe, wie Wiederholung, bedingte Anweisungen und Sequenzen jeweils grafisch dargestellt wurden! Beurteile die drei Darstellungsarten hinsichtlich Schreibaufwand, Platzbedarf und Verständlichkeit!

Als **Sequenz** wird eine Folge von Anweisungen bezeichnet. Diese Anweisungen werden nacheinander in der vorgegebenen Reihenfolge abgearbeitet. Im einfachsten Fall besteht die Sequenz aus einer einzigen Anweisung.

Struktogramme:

Sequenz

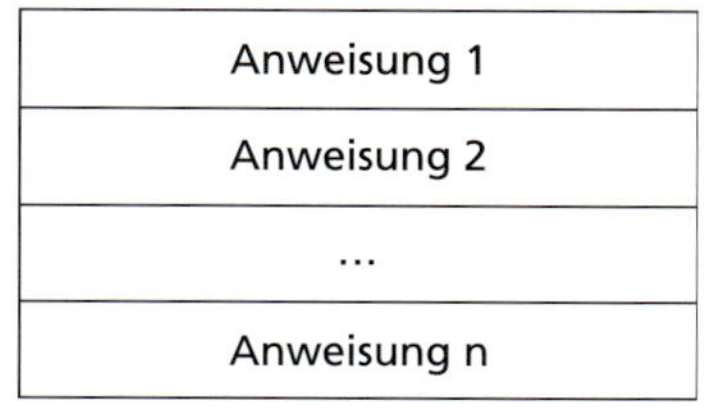

Eine spezielle Art von Anweisungen sind bedingte Anweisungen. Beim „Mensch ärgere dich nicht"-Spiel darfst du z.B. nur eine neue Figur auf das Spielfeld setzen und damit weiterspielen, wenn du eine „6" gewürfelt hast.

Die *Bedingung* ist: Auf dem Würfel steht eine „6".
Die *Anweisungen:* Setze einen Stein auf das Spielfeld, würfle noch einmal und setze den Stein entsprechend dieser Augenzahl. Bist du mitten im Spiel, kann es geschehen, dass alle deine Spielfiguren vom Spielfeld geworfen werden. Es gibt also Regeln für den Fall, dass du mindestens eine Figur auf dem Spielfeld hast und Regeln dafür, dass dies nicht der Fall ist. Eine solche bedingte Anweisung wird auch als **zweiseitige Auswahl** bezeichnet.

Bedingte Anweisungen sind Anweisungen der Form
Wenn Bedingung erfüllt,
dann Anweisungsfolge 1,
sonst Anweisungsfolge 2.
Gibt es keine Anweisung für den „Sonst"-Fall, verkürzt sich die Anweisung:
Wenn Bedingung erfüllt,
dann Anweisungsfolge.

bedingte Anweisung

einseitige Auswahl

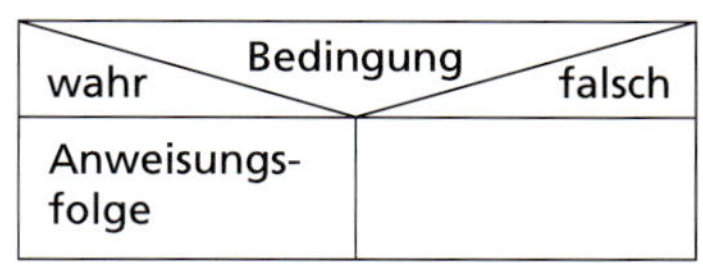

zweiseitige Auswahl

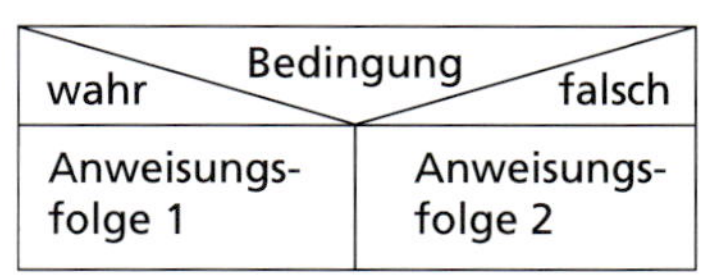

Mithilfe von Wiederholungsanweisung lassen sich Anweisungsfolgen stark verkürzen. Beim „Mensch ärgere dich nicht"-Spiel werden viele Runden nach gleichen Regeln gespielt. Das Spiel endet, wenn ein Mitspieler alle vier Figuren im Zielfeld hat. Man weiß dabei nicht, wie viele Spielrunden (Wiederholungen) es geben wird. Es gibt aber auch Wiederholungsanweisungen, bei denen fest steht, wie oft sie ausgeführt werden sollen. Wenn du z.B. die Spielfigur „Schritt für Schritt" über das Spielfeld „laufen" lässt, kennst du die Anzahl der Schritte schon vorher, sie entsprechen der gewürfelten Augenzahl.

Wiederholungen mit fester Anzahl sind Anweisungen der Form
Wiederhole n-mal: Anweisungsfolge.
Diese Art von Wiederholungen wird auch als **Zählschleife** bezeichnet, da ihre Anzahl mitgezählt wird.

Wiederholung mit fester Anzahl (Zählschleife)

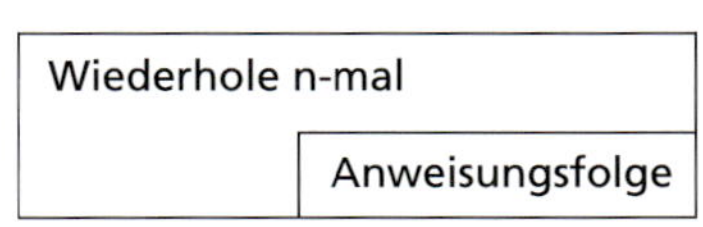

Wiederholung mit Eingangsbedingung

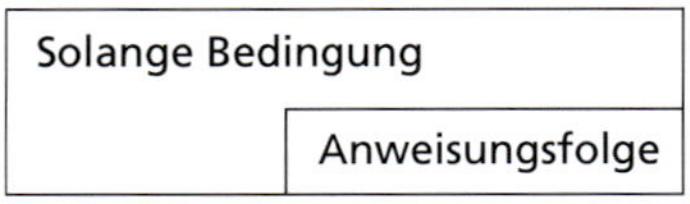

Wiederholung mit Ausgangsbedingung

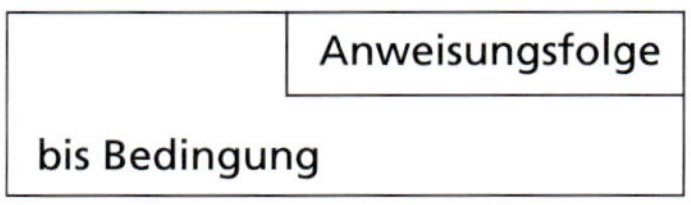

Wiederholungen, bei denen es von einer Bedingung abhängt, ob die zugehörigen Anweisungen (noch einmal) ausgeführt werden:
Wiederholungen mit Eingangsbedingung
Solange Bedingung erfüllt: Anweisungsfolge.
Wiederholungen mit Ausgangsbedingung
Wiederhole
Anweisungsfolge
bis Bedingung erfüllt.

Jede Anweisungsfolge kann aus elementaren und strukturierten Anweisungen bestehen. So lässt sich zu jedem Algorithmus ein Struktogramm zeichnen, egal, wie komplex er ist.

Struktogramm: „Mensch ärgere dich nicht“

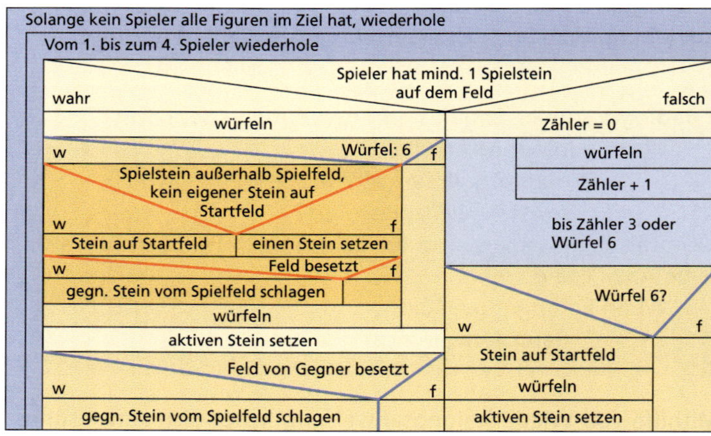

A 3.10 Suche im Struktogramm für das Spiel „Mensch ärgere dich nicht“ nach den Grundstrukturen: Folge (Sequenz), Wiederholung und bedingte Anweisung! Benenne die unterschiedlichen Wiederholungen und bedingten Anweisungen im Beispiel! Wie würdest du entscheiden, wenn darüber abgestimmt werden sollte, ob Spielanleitungen künftig nicht mehr als Text, sondern als Struktogramm beigelegt würden? Begründe deine Antwort!

Struktogramme werden verwendet, um die Struktur kurzer Algorithmen oder Teile von komplexen Algorithmen darzustellen.

3.4 Algorithmen in Programmen

Du kannst nun Algorithmen erkennen, analysieren und auch selbst formulieren. Bisher hast du Algorithmen als Pseudocode, Programmablaufplan und Struktogramm dargestellt.
Nun soll eine Programmiersprache genutzt werden, um Algorithmen von Computern „abarbeiten“ zu lassen. Wir werden mit **JavaScript** programmieren und einige Beispiele mit deren Umsetzung in weiteren Programmiersprachen vergleichen.

JavaScript wurde entwickelt, um die damit erstellten Programme unter Nutzung eines Webbrowsers auszuführen. Diese Programme werden direkt in den Quelltext einer HTML-Seite eingebunden und dann vom Browser interpretiert. Alle modernen Browser können für JavaScript als Interpreter fungieren. Zum Schreiben des Quelltextes wird nur ein einfacher Editor benötigt.

Interpreter
ist ein Computerprogramm, das einen Programm-Quellcode Anweisung für Anweisung einliest, analysiert und ausführt.

Compiler
ist ein Computerprogramm, welches den Quellcode vollständig in Maschinencode übersetzt. Es entsteht ein Programm, das ohne weitere Hilfsmittel im Betriebssystem vom Prozessor ausgeführt werden kann.

Um sich in eine Programmiersprache einzuarbeiten, müssen zunächst die Besonderheiten der gewählten Sprache betrachtet werden. Dabei ist wichtig, wie

- die Struktur des Programmquelltextes aufgebaut wird,
- Daten ein- und ausgegeben werden können,
- algorithmischen Grundstrukturen dargestellt werden und
- welche Objekte, Datenstrukturen und Operationen bereits vordefiniert sind.

Es gibt zwei verschiedene Möglichkeiten, **JavaScript-Programme** in ein HTML-Dokument einzubinden. Der Quelltext kann in einer Extra-Datei (Dateierweiterung „.js“) gespeichert werden. Diese Datei wird mithilfe eines HTML-Tags in die Seite eingebunden. Wenn sich die Programmdatei beispielsweise in einem speziellen Unterordner „skript“ befindet und als „testskript.js“ gespeichert ist, so erfolgt der Aufruf durch:

```
<script language="JavaScript" src="skript/testskript.js">
</script>
```

Andererseits können die JavaScript-Programme direkt in den HTML-Quelltext geschrieben werden.

```
<script language="JavaScript">
<!--
        Anweisungsfolge
//-->
</script>
```

Scriptanweisungen als Kommentar
Die Tags „<!--" und „//-->“ stehen in HTML für Kommentare und gehören eigentlich nicht zu einem Script.
Wird aber eine HTML-Seite mit JavaScript von einem Browser interpretiert, der kein Script interpretieren kann oder soll, dann erreicht man durch diese Kennzeichnung, dass zumindest der Rest der HTML-Seite fehlerfrei angezeigt wird. Kann der Browser JavaScript interpretieren, dann werden diese Kommentar-Tags innerhalb des Scripts ignoriert.

Das Programm kann sowohl im „HEAD“ als auch im „BODY“ der HTML-Seite platziert werden. Im Folgenden wird der Quelltext in den „HTML-Körper“ eingebunden.

```
<HTML>
  <HEAD>
        Titel
        weitere Dokumentinformationen
  </HEAD>
  <BODY>
        Seiteninhalt mit Java-Script
  </BODY>
</HTML>
```

Programme in Webseiten ermöglichen häufig Eingaben durch den Benutzer und spezielle Effekte in der Ausgabe.

Textfeld und **Button** sind vordefinierte Objekte eines Formulars. Genau genommen sind es Instanzen der Klasse **input.**

Textfeld 

Button 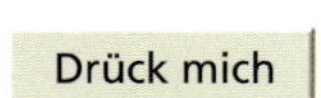

Die Definition erfolgt so:
<**input** Attribut_1=Wert_1 ... Attribut_n=Wert_n>

A 3.11 Analysiere Webseiten hinsichtlich verschiedener Ein- und Ausgabemöglichkeiten. Untersuche durch Betrachtung des HTML-Quelltextes, ob dabei Script-Programme ausgeführt werden oder ob es sich um einen Standard-Effekt von HTML handelt! Erstelle eine Liste von häufig verwendeten Eingabeelementen, die in Zusammenhang mit Script-Programmen verwendet werden!

Im ersten Beispiel werden Ein- und Ausgabemöglichkeiten getestet. Der Browser soll „nachplappern“, was der Benutzer eingibt.
Zur Eingabe werden **Formularelemente** verwendet, zur Ausgabe ein modales (zeitweilig aktives) Fenster. Der Quelltext für die zu erfüllende Aufgabe wird als **Unterprogramm** (function) implementiert, das dann über seine Bezeichnung durch einen Button-Klick aufgerufen wird.

```
<script language="JavaScript">
<!--
    function papagei()
    {
      var ausgabe
      ausgabe = document.papageiformular.eingabe.value
      window.alert(ausgabe)
    }
//-->
</script>
```

Auf die Variable ***ausgabe*** wird der Texteintrag **(value)** gespeichert, der sich zum Zeitpunkt des Funktionsaufrufs im Textfeld **eingabe** des Formulars **papageiformular** auf dem HTML-Dokument **(document)** befindet.

Das zugehörige Formular kann direkt unter das JavaScript-Programm geschrieben werden. Mit einem „Klick" auf den Button wird die Funktion papagei() aufgerufen.

```
<form name="papageiformular">
  <input type="text" name="eingabe" value="" size="30"> <br>
  <input type="button" value="Drück mich" onclick="papagei()">
</form>
```

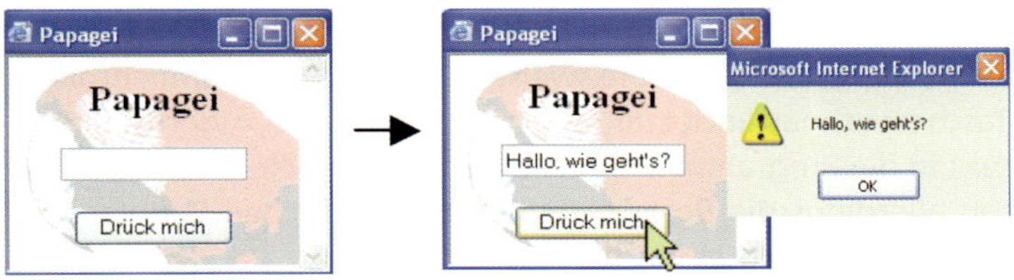

A 3.12 Lies dir zunächst Script- und Formular-Quelltext für das Papagei-Programm genau durch. Gib beide Quelltexte in den BODY eines HTML-Dokuments ein und teste das Programm! Ergänze das Formular durch ein zweites leeres Textfeld; der Feldinhalt soll nun nicht mehr über das modale Fenster ausgegeben werden, sondern auf Knopfdruck im zweiten Feld erscheinen! Ersetze dazu die Zeile zur Ausgabe des Textes durch:

document.papageiformular.NamedeszweitenFensters.value=ausgabe

Im ersten Feld soll der Text gelöscht werden!

Schon an diesem einfachen Beispiel kannst du ein Grundprinzip der Informatik wiedererkennen: Eingabe Verabeitung Ausgabe
Dieses Prinzip findest du in den meisten Programmen.

Sicher ist das folgende Spiel bekannt, Eltern spielen es mit ihren Kindern manchmal auf langen Autofahrten: "Ich denke mir eine Zahl zwischen 1 und 100 und du musst sie erraten!"
Mit unserem nächsten Programm wollen wir dieses Spiel aus Kindertagen aufleben lassen. Der Computer wird zum Spielpartner.

A 3.13 Spiele mit einem Partner dieses Ratespiel. Wechselt dabei mindestens einmal die Rollen! Achte auf die Vorgehensweise des Partners, der vom Computer ersetzt werden soll. Schreibe für ihn eine genaue Handlungsvorschrift in Form von Pseudocode auf! Kennzeichne die algorithmischen Grundstrukturen!

Im Beispiel verwendete Attribute:

Attribut	Attributwert Textfeld	Attributwert Button
type	**text**	**button**
name	Bezeichnung zur eindeutigen Kennzeichnung, z.B. "eingabe", "klick"	
value	Feldtext: z.B. "Hallo wie geht's?" Leer: "" (2 mal Anführungsstriche oben)	Aufschrift: z.B. "Drück mich"
size	Breite: z.B. "30"	
onclick		Aktion z.B. "papagei()"

i Der **Interpreter** (hier der Browser) **unterscheidet** bei JavaScript-Programmen (bis auf wenige Ausnahmen) zwischen **Groß- und Kleinschreibung.** Achte also bei selbstgewählten Bezeichnungen und beim Aufrufen von vordefinierten Methoden auf die richtige bzw. einheitliche Schreibweise.

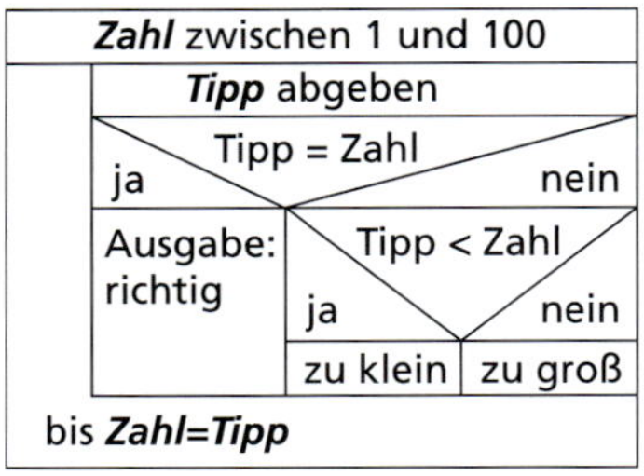

Ein möglicher Algorithmus könnte wie links dargestellt aussehen.

A 3.14 Vergleiche deinen Pseudocode mit dem im Struktogramm dargestellten Algorithmus! Probiere beide Handlungsvorschriften aus, indem du in einem weiteren Testspiel „streng nach Vorschrift" handelst! Führen beide Anweisungsfolgen zum Erfolg?

Zahlenraten mit dem TI 83:

:RandInt(1,100)→Z	Zufallszahl
:Repeat Z=A	Wdh bis Z=A
:Input "TIPP ", A	Tippeingabe
:If A=Z	Wenn A=Z
:Disp "RICHTIG"	„Richtig"
:Else	Sonst
:If A<Z	Wenn A<Z
:Disp "ZU KLEIN"	„zu klein"
:Else	Sonst
:Disp "ZU GROSS"	„zu groß"
:End	Wdh. Ende

Willst du das Spiel beispielsweise mit einem programmierbaren Taschenrechner umsetzen, dann kannst du den Algorithmus direkt in die Programmiersprache übersetzen. Mit JavaScript müssen allerdings die Besonderheiten der grafischen Benutzungs–oberfläche beachtet werden.

A 3.15 Entwirf ein Layout für dein Browserspiel. Verwende dazu die Formularelemente der Typen Button und Textfeld! Schreibe auch einen kurzen Text als Anleitung für den Benutzer und überlege dir, was beim Drücken der Buttons passieren soll!

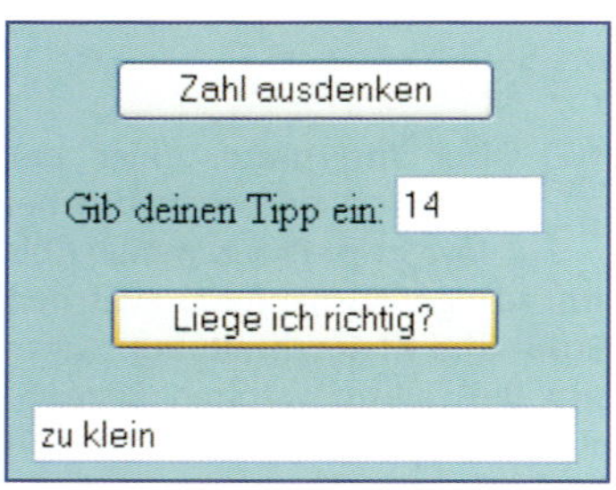

Wenn der Benutzer deines Programms auf "Zahl ausdenken" drückt, soll eine **Zufallszahl** zwischen 1 und 100 ermittelt werden. Dazu wird eine mathematische Funktion von JavaScript genutzt.

Math.random() ermittelt eine zufällige Zahl mit $0 \leq zahl < 1$
Math.floor(zahl) rundet die rationale Zahl auf eine ganze Zahl ab

Damit lässt sich eine ganze Zahl zwischen 1 und 100 ermitteln:

```
zz=Math.floor(100 * Math.random() ) + 1
```

i Durch das Abrunden liegt der Wertebereich der Funktion zwischen 0 und 99, also muss „1" addiert werden.

Im Gegensatz zur Programmplanung (Struktogramm) gibt es bei der Umsetzung in einer grafischen Oberfläche keine Schleife. Die Wiederholungsanweisung soll ermöglichen, dass mehrere Tipps eingeben werden können, bevor das Programm endet. Dies ist bei grafischen Oberflächen gewährleistet. Das Programm läuft so lange, bis das Fenster geschlossen wird. Der Spieler kann also so viele Tipps eingeben, wie er möchte.

Nach "Zahl ausdenken" soll der Computer die ermittelte Zahl im Speicher behalten, bis der Browser geschlossen wird oder erneut auf "Zahl ausdenken" gedrückt wird.

Die Deklaration der globalen Variablen „zz" und die Funktion zum Ermitteln der Zufallszahl „zz" könnte dann so aussehen:

```
var zz
function zahlsetzen()
{
    zz=Math.floor(100*Math.random()) + 1
}
```

Das Attribut onclick für den oberen Button muss in dem Fall den Wert "zahlsetzen()" erhalten. Die Funktion, die beim Drücken des zweiten Buttons aufgerufen wird, beinhaltet das Einlesen des Tipps und die Ausgabe einer hilfreichen Nachricht an den Benutzer. Hier wird eine Auswahlanweisung benötigt.

Bedingte Anweisungen in JavaScript

If (Bedingung) **{** Anweisungsfolge1 **}** **else** **{** Anweisungsfolge2 **}**	Gibt es nur **eine** Anweisung, kann diese direkt hinter if (Bedingung) bzw. else geschrieben werden. If (Bedingung) Anweisung1 else Anweisung2 Gibt es keine Anweisung für den "sonst"- Fall wird dieser einfach weggelassen.

Eine Funktion zum Prüfen des Eingabewertes in das Textfeld "eingabe" eines Formulars "spiel" könnte wie folgt aussehen:

```
function teste()
{
    var tipp
    tipp=document.spiel.eingabe.value
    if (tipp==zz) document.spiel.ausgabe.value="Richtig"
    else
    {
        if (tipp<zz) document.spiel.ausgabe.value="zu klein"
        else document.spiel.ausgabe.value="zu groß"
    }
}
```

A 3.16 Binde die Javascript- Funktionen in dein Dokument ein. Achte auf die Groß- und Kleinschreibung! Zeige, dass auch bei der Funktion *teste()* das EVA-Prinzip gilt!

Lokale und globale Variablen

Lokale Variable: Wird eine Variable innerhalb einer Funktion definiert, so kann sie nur zur „Laufzeit" der Funktion verwendet werden. Ihr Wert geht sofort verloren, wenn die Funktion beendet ist.
Globale Variable: Wird die Variable außerhalb der Funktionen definiert, kann sie von allen Funktionen des Scripts verwendet werden und behält ihren Wert, so lange das Script ausgeführt wird.

Bedingte Anweisung in Pascal (DELPHI)

If Bedingung **then** Anweisung1
else Anweisung2

Bedingungen sind Aussagen; sie sind also entweder wahr oder falsch. Sie stellen boolsche Ausdrücke dar.

Vergleichsoperatoren in JavaScript:

gleich	==	ungleich	!=
größer	>	kleiner	<
größer gleich	>=	kleiner gleich	<=

Mehrere Bedingungen werden verknüpft mit:

und	&&	Oder	||

Der Wahrheitswert einer solchen Aussage lässt sich auf einer Variablen speichern.
Beispiel: **var** wahr = (x>y)

Funktion zum Umwandeln eines dezimalen in einen hexadezimalen Farbwert

```
function farbzahl(dezzahl)
{
   var hex=""
   var ziffer1
   var ziffer2
   ziffer1=Math.floor(dezzahl/16)
   ziffer2=dezzahl % 16
   if (ziffer1<10) hex=hex+ ziffer1
   if (ziffer1==10) hex=hex+"A"
   if (ziffer1==11) hex=hex+"B"
   if (ziffer1==12) hex=hex+"C"
   if (ziffer1==13) hex=hex+"D"
   if (ziffer1==14) hex=hex+"E"
   if (ziffer1==15) hex=hex+"F"
   if (ziffer2<10) hex=hex+ ziffer2
   if (ziffer2==10) hex=hex+"A"
   if (ziffer2==11) hex=hex+"B"
   if (ziffer2==12) hex=hex+"C"
   if (ziffer2==13) hex=hex+"D"
   if (ziffer2==14) hex=hex+"E"
   if (ziffer2==15) hex=hex+"F"
   return hex
}
```

Mit dem nächsten Beispiel werden wir auf einer Webseite „das Licht angehen" lassen. Der zunächst schwarze Hintergrund soll langsam hell werden und dann strahlend gelb erscheinen.

A 3.17 Informiere dich über die Darstellung von Farben auf dem Computerbildschirm. Lies dazu auch im Kapitel 1 dieses Buches zum RGB-Modell nach! Bereite eine Webseite mit einem schwarzen Hintergrund und einem Button vor!

Da die Farbwerte hexadezimal sein müssen, werden Dezimalzahlen in Hexadezimalzahlen umgewandelt. Du findest auf der linken Seite eine entsprechende Funktion, die in das JavaScript-Programm eingebunden wird.
Die zweistellige Hexadezimalzahl ist zusammengesetzt aus
*„ziffer1*16 + ziffer2 *1".*
Die *ziffer1* ergibt sich damit als ganzer Anteil der Division der Dezimalzahl durch 16, die *ziffer2* enthält den Rest der Division.
Beispiel:
Dezimalzahl **135** 135 : 16 = 8 Rest 7 => Hexadezimalzahl **87**
Dezimalzahl **217** 217 : 16 = 13 Rest 9 => Hexadezimalzahl **D9**

Um die Farbe des Hintergrundes schrittweise von Schwarz auf Gelb zu ändern, müssen die Farbwerte Rot und Grün von 0 auf 255 erhöht werden, der Farbwert Blau bleibt bei 0.
Um die Farben aufzuhellen, werden die Farbintensitäten immer wieder um „1" erhöht und dann die Hintergrundfarbe gesetzt. Dazu wird eine Schleife programmiert.

Wiederholungen in Pascal (DELPHI)

Zählschleife
for Zählvariable := Anfangswert **to** Endwert **do** Anweisung;

Schleife mit Eingangsbedingung
while Bedingung
do Anweisung;

Schleife mit Austrittsbedingung
repeat
Anweisung
until Bedingung;

Wiederholungen in JavaScript
Für alle 3 Schleifen gilt: Ist die Bedingung wahr, wird die Anweisungsfolge (noch einmal) ausgeführt.

Zählschleife
```
for (Zählvariableninitialisierung; Bedingung; Zählanweisung)
{
   Anweisungsfolge
}
```

mit Eingangsbedingung

Prüfung am Anfang der Schleife	Prüfung am Ende der Schleife

while (Bedingung)
{
Anweisungsfolge
}
	do
	{
	Anweisungsfolge
	}
	while (Bedingung)

Die Hintergundfarbe der Webseite ist in der Eigenschaft **bgColor** verankert. Diese Eigenschaft wird in jedem Schleifendurchlauf verändert.

Für Zahl von 0 bis 255 wiederhole
- rot= farbzahl(zahl)
- gr = farbzahl(zahl)
- setze Hintergrund

```
function lichtan()
{
  var r, g, b="00"
  for (var zahl=0; zahl<256; zahl++)
  {
  r=farbzahl(zahl)
  g=farbzahl(zahl)
  window.document.bgColor="#"+r+g+b
  }
```

Im ersten Schleifendurchlauf hat ***zahl*** den Wert 0, dieser Wert erhöht sich vor jeder neuen Wiederholung um 1.

zahl++ steht für ***zahl=zahl+1*** (es gibt auch den Operator „- - “, er steht für die Subtraktion von „1“).

Die Werte ändern sich also folgendermaßen:

Durch lauf	Zahl	r	g	Farbe
1	**0**	**00**	**00**	**#000000**
2	**1**	**01**	**01**	**#010100**
...	...	...	...	...
136	**135**	**87**	**87**	**#878700**
...	...	...	...	...
256	**255**	**FF**	**FF**	**#FFFF00**

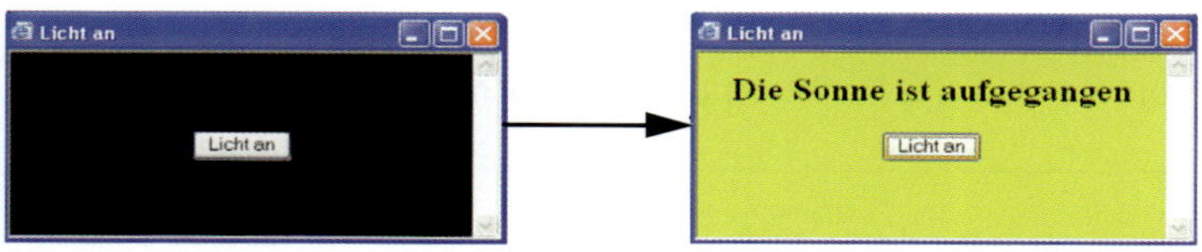

A 3.18 Binde die Unterprogramme *farbzahl()* und *lichtan()* in deine Webseite ein. Teste die Funktion *lichtan()*! Variiere nun *lichtan()*: Die Webseite soll nicht Gelb, sondern Cyan oder Magenta werden!
Erstelle einen zweiten Button „Licht aus“ und schreibe ein entsprechendes Unterprogramm! Ersetze dazu die Zählvariableninitialisierung durch var zahl=256, die Bedingung durch zahl>=0 und die Zählanweisung durch zahl- -!

Du kannst die aufzublendende Hintergrundfarbe auch dem Besucher deiner Webseite zur Wahl stellen. Im Formular erstellst du eine Auswahlbox. Welche Option ausgewählt wurde, kann mit
Formularname.Auswahlboxname.selectedIndex
abgefragt werden.
Trägt das Formular den Namen „farbtest“ und die Auswahlbox den Namen „auswahl“, könnte der Programmquelltext für die ausgewählte Farbe „Blau“ folgendermaßen aussehen:

```
If (farbtest.auswahl.selectedIndex==2)
{
    r ="00"; g="00"; b=farbzahl(zahl)
}
```

Der erste Index ist die „0“.

Formularelement Auswahlbox

```
<select name=auswahl>
  <option>Rot >
  <option>Grün
  <option>Blau
  <option>Gelb
  <option>Magenta
  <option>Cyan
  <option>Weiß
</select>
```

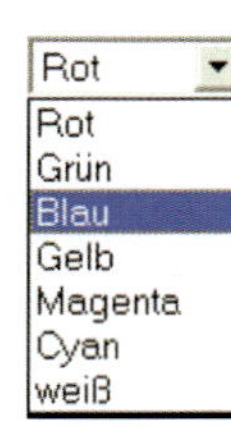

A 3.19 Überlege dir Auswahlanweisungen für die anderen Farben. Schreibe eine Funktion farbe_hell() und teste sie!

Schon mit dem "Zahlenraten" (↗ S. 101 ff.) haben wir ein Programm erstellt, das etwas simuliert, was wir Menschen auch ohne Computer können. Auch für das Werfen einer Münze sind wir nicht auf einen Computer angewiesen. Wenn allerdings für statistische Untersuchungen sehr viele Zufallsversuche durchgeführt werden sollen, dann ist eine Computersimulation vorteilhaft.

Struktogramm zur Simulation eines mehrfachen Münzwurfs

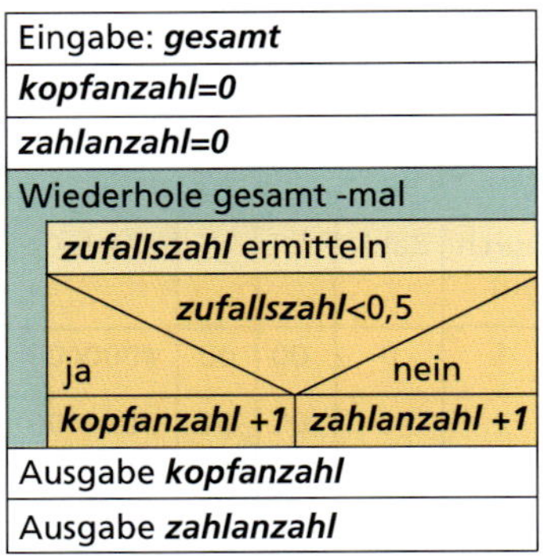

A 3.20 Gestalte eine Webseite auf der per Knopfdruck ein Münzwurf simuliert wird. Nutze dabei die Funktion Math.random() (↗ S. 102) zum Ermitteln einer Zufallszahl zwischen 0 und 1!

Nun werden die Funktion und das Formular erweitert.

Der Zufallsversuch muss entsprechend der Eingabe im ersten Textfeld mehrmals wiederholt werden. Die Anzahl von „Kopf" beziehungsweise „Zahl" muss mitgezählt werden.
Dazu benötigen wir weitere Variablen: *gesamt*, *kopfanzahl* und *zahlanzahl*. Außerdem wird eine Variable als Zähler für die schon erfolgten Wiederholungen benötigt.

Zählschleife	mit Eingangsbedingung
for (var i=0; i<gesamt; i++) *{* *zufall=Math.random()* *if zufall<0.5 kopfanzahl++* *else zahlanzahl++* *}*	*var i=0* *while (i<gesamt)* *{* *i++* *zufall=Math.random()* *if zufall<0.5 kopfanzahl++* *else zahlanzahl++* *}*

„Münzwerfen" mit PASCAL

```
program muenz;
var zahlzahl,kopfzahl: integer;
i, gesamt:integer; zufall:real;
begin
  randomize;
  writeln('Münzwurf');
  write ('Wie viele Versuche? ');
  readln(gesamt);
  zahlzahl:=0; kopfzahl:=0;
  for i:=1 to gesamt do begin
    zufall:=random;
    if zufall < 0.5
    then kopfzahl:=kopfzahl+1
    else zahlzahl:=zahlzahl+1;
  end;
  write('Anzahl Kopf: ');
  writeln(kopfanzahl);
  write('Anzahl Zahl: ');
  writeln(zahlanzahl);
  readln
end.
```

A 3.21 Erweitere dein Formular und schreibe eine Funktion zur Simulation des mehrfachen Münzwurfes entsprechend des abgebildeten Struktogramms! Vergleiche die JavaScript-Funktion mit dem Pascalprogramm. Achte besonders auf Variablenvereinbarungen und die Schleife!

Du hast an unterschiedlichen Beispielen erlebt, wie aus einer Idee, einem Spiel oder einer zu lösenden Aufgabe ein kleines Programm entstanden ist. Selbst scheinbar einfachste Probleme müssen genau durchdacht werden, ehe eine „Computer-Lösung" gefunden werden kann. Die Vorgehensweise bei der Problemlösung in der Informatik ist dabei immer gleich.

Informatischer Problemlöseprozess beim Programmieren

1. Problemanalyse
- Analysiere Ausgangsbedingungen, Abläufe und gewünschte Ergebnisse.
- Prüfe, ob das Problem mit einem Computer lösbar ist.
- Überlege, in welchen Punkten die Computersimulation oder -lösung von Abläufen oder Lösungen in der „realen Welt" abweicht.

2. Modellbildung
- Überlege, welche Objekte du nutzen willst und welche Variablen festgelegt werden müssen.
- Erstelle einen Algorithmus zur Lösung des Problems.
- Plane Programmoberfläche und Benutzerführung so, dass das Programm möglichst ohne fremde Hilfe zu bedienen ist.
- Notiere deine Überlegungen in geeigneter Form. (Skizzen zur Oberfläche, Pseudocode, Struktogramm, ...)

3. Implementation
- Entscheide dich für eine Programmiersprache.
- Gestalte die Benutzungsoberfläche.
- Schreibe den Programmquellcode.

4. Reflexion
- Teste dein Programm selbst. (Führen die Eingaben zu den gewünschten Ergebnissen?)
- Lass es von anderen testen. (Ist es nutzerfreundlich?)
- Behebe Fehler in Implementation, Modellbildung oder Problemanalyse.

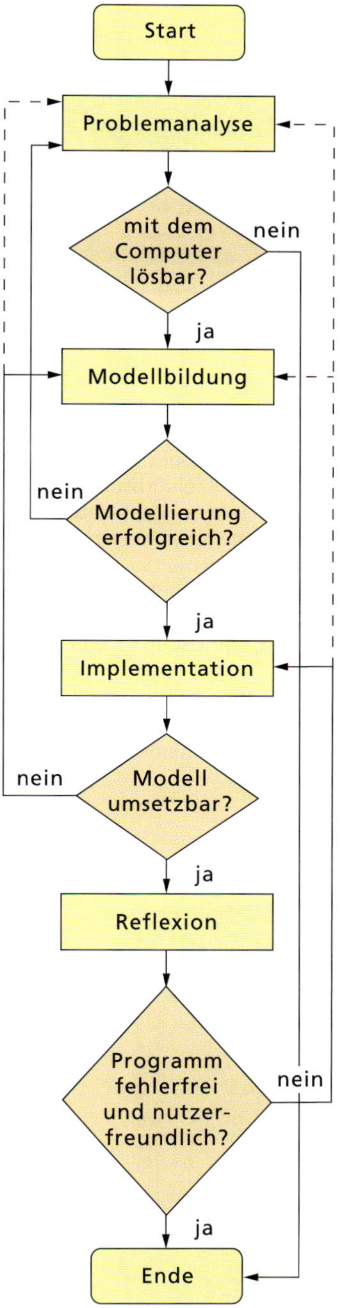

A 3.22 Wähle dir ein Beispiel aus den vorangegangenen Seiten aus und analysiere den Weg vom „Problem" zum Programm! Notiere zu jeder der vier Phasen des Problemlöseprozesses, die konkrete Umsetzung im Beispiel! Bildet Gruppen aus Schülern die das gleiche Beispiel bearbeitet haben; vergleicht eure Aufzeichnungen, ergänzt und diskutiert unterschiedliche Auffassungen!

3.5 Algorithmen beim Messen, Steuern und Regeln

1 Das ESP erhöht die Sicherheit.

Steuern und Regeln
Unter „Steuern" eines (technologischen) Prozesses wird dessen Beeinflussung verstanden, der Prozess läuft dabei nach einem vorgegebenen Plan ab.
Werden Systeme so beeinflusst, dass eine bestimmte Größe zu jeder Zeit einen vorgegebenen Wert aufweist, spricht man von Regelung.
Es wird zwischen manueller und automatischer Steuerung und Regelung unterschieden.

Computer findet man heute in fast allen Maschinen, Fahrzeugen und in vielen Haushaltsgeräten. Ihre Aufgabe ist es, Prozesse zu überwachen, auf Veränderungen zu reagieren und Zustandsänderungen herbeizurufen.
Das **Elektronische Stabilitätsprogramm** (ESP) in Autos reagiert z.B. auf kleinste Abweichungen in der Steuerung des Fahrzeuges und verhindert damit dessen Schleudern. Mithilfe einer Anzahl von Sensoren erhält ein Computer Informationen über eventuelle Drehungen des Fahrzeuges, den momentanen Bremsdruck, die Stellung des Lenkrades, die Querbeschleunigung und die Raddrehzahlen. Die Messwerte werden verarbeitet und bei Anzeichen einer Über- oder Untersteuerung des Autos löst das System kleine gezielte Bremsimpulse aus und bringt damit das Fahrzeug wieder auf die richtige Spur.
Viel weniger spektakulär sorgen schon seit vielen Jahren kleinste **Computer in Haushaltsgeräten** für einen reibungslosen Ablauf. Das Steuerelement einer Waschmaschine verarbeitet z.B. die Daten zu Temperatur, Wasserstand, Füllmenge, vorhandenen „Unwuchten" beim Schleudervorgang und zur Schaumentwicklung. Neben dem „normalen" Durchführen des gewählten Programms kann damit auf verschiedene Probleme reagiert werden. Ist die Wäsche beim Schleudern ungleichmäßig in der Trommel verteilt, kommt es zu starken Kräften in der Lagerung der Drehachsen, die in kurzer Zeit zur Zerstörung führen würden. Hier reagiert das System mit stoßweißem Anschleudern, bis sich die Wäsche gleichmäßig verteilt hat.

N **3.23** Finde weitere Beispiele für den Einsatz von Computern in Alltagsgeräten! Beschreibe für ein Beispiel die Vorteile, die der Einsatz eines Computers in dem Gerät bringt! Was muss gemessen werden, wo wird gesteuert oder geregelt?

2 Interface mit Taschenrechner

Computer, die zur Steuerung in Geräten oder Maschinen eingebaut sind, haben oftmals eine feste Programmierung und werden mit den Sensoren, deren Daten sie benötigen, meist fest verbunden. Damit ein Personalcomputer oder der Taschenrechner Messwerte aufnehmen kann beziehungsweise zur Steuerung einsetzbar wird, müssen Messgeräte oder die zu steuernden Maschinen angeschlossen werden. Dazu benötigt man ein spezielles **Interface** (Zwischenstück), welches sowohl mit einer Schnittstelle des Computers als auch mit dem entsprechenden Gerät verbunden wird.

3.24 Welche Geräte zur computergestützten Aufnahme von Messwerten gibt es bei dir an der Schule? Wenn du schon mit einem solchen Gerät experimentiert oder einen Demonstrationsversuch gesehen hast, beantworte die folgenden Fragen: Nenne 2 Experimente, bei denen die computergestützte Messung besonders vorteilhaft ist! Worin bestehen die Vorteile gegenüber konventioneller Messmethoden? Was haben diese Experimente gemeinsam?

Beim Aufnehmen von Messreihen dient der Computer vorrangig der schnellen und vielseitigen Auswertung der Messergebnisse.
Werden Computer zur Steuerung von Prozessen eingesetzt, ermöglichen sie schnelle Reaktionen auf Veränderungen, aber auch die Gewährleistung eines stabilen, gleichmäßigen Ablaufs.

Oft werden Ampelsysteme von zentralen Steuercomputern aus geschaltet. Damit wird ein besserer Verkehrsfluss insbesondere im Berufsverkehr realisiert. Mit dem folgenden Programm soll die Steuerung der Ampeln an einer Ampelkreuzung simuliert werden. Anstelle der Ampeln stehen Abbildungen, die die verschiedenen Schaltzustände symbolisieren.

Die **Ampelsteuerung** an einer Kreuzung mit Fußgängerampeln und den Ampeln an den Fahrbahnen ist ein komplexes Problem. Eine bewährte Methode ist die Reduktion auf den einfachsten Fall in einem ersten Schritt der Problemlösung. Analysieren wir zunächst die Funktionalität einer Fußgängerampel. Ist die Ampel eingeschaltet, gibt es zwei Schaltzustände.

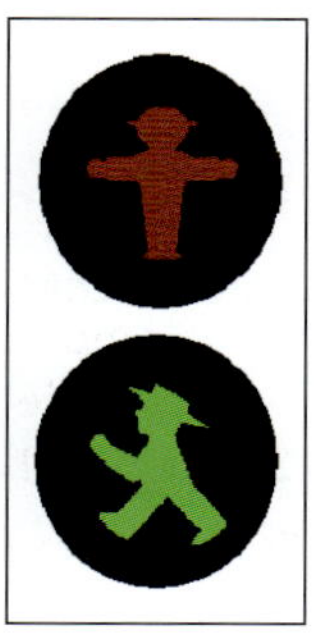

3.25 Plane den Ablauf der Simulation für die Fußgängerampel in Pseudocode, als Programmablaufplan oder Struktogramm. Beachte, dass die einzelnen Schaltphasen unterschiedlich lang sind.

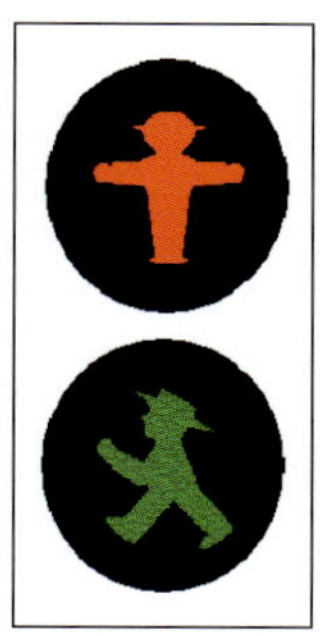

Sicher hast du in deiner Programmplanung eine Schleife vorgesehen, in der nacheinander die 2 Zustände der Ampel simuliert werden.
Diese Wiederholung kann in JavaScript nicht über eine Schleife realisiert werden. Während der Laufzeit einer Funktion sind keine Eingaben und Ausgaben möglich. Es lassen sich weder Werte verändern noch Zwischenergebnisse im Browserfenster ausgeben. Um den Wechsel der Bilder zu realisieren, muss eine echte „Auszeit" in der Programmausführung eingeschoben werden.

Ein Bild auf einer HTML-Seite durch ein anderes ersetzen

Ein Bild wird folgendermaßen in eine Webseite eingebunden:

<img src="URLbild">

Um das Bild mithilfe eines JavaScript-Programms durch ein anderes ersetzen zu können, muss es einen Namen erhalten:

<img src="URLbild"
name ="Bname">

Das Ersetzen erfolgt dann im JavaScript durch:

document.Bname.src= "URLneu"

Zeitsteuerung in anderen Programmiersprachen

Zur Programmierung von grafischen Oberflächen wird auch in anderen Programmiersprachen eine ähnliche Strategie verfolgt, um zeitgesteuerte Abläufe zu realisieren. In DELPHI oder VISUAL BASIC steht beispielsweise ein vordefiniertes Objekt „Timer" zur Verfügung

Die in bestimmten Zeitintervallen zu wiederholenden Anweisungen werden in einem Unterprogramm an das Ereignis „OnTimer" gebunden. Das Zeitintervall wird ebenfalls in Millisekunden festgelegt.

Bei der Programmierung nichtgrafischer Oberflächen können Pausen einfach durch Schleifen realisiert werden, die die verstrichene Systemzeit auswerten. Ausgaben in Zeitintervallen sind so kein Problem. Um Eingaben während der Laufzeit zuzulassen, werden Tastaturabfragen in den Quelltext eingebaut.

JavaScript bietet eine solche Möglichkeit mit

SetTimeout(Funktionsname(), Wartezeit in ms).

Die Funktion wird nach der Wartzeit ausgeführt.

Wird dieser Befehl als letzter in eine Funktion geschrieben und ruft er eben diese Funktion auf, dann entsteht eine schleifenähnliche Struktur.
In den Wiederholungen werden die Schaltzustände
1: Ampel rot und
2: Ampel grün
abgewechselt. Es hängt vom jeweiligen Ampelzustand ab, welches Bild gerade geladen wird.

```
function schaltung_fampel(zustand)
{
    if (zustand ==1)
    {
        document.fampel.src = "bilder/fampel_rot.gif"
        setTimeout("schaltung_fampel(2)", 8000)
    }
    else
    {
    document.fampel.src = "bilder/fampel_gruen.gif"
    setTimeout("schaltung_fampel(1)", 5000)
    }
}
```

Das Bild trägt den Namen „fampel" und wird zuerst mit der Darstellung der roten Ampel belegt.

```
<img src="fampel_rot.gif" name="fampel">
```

Mit einem Button wird die Funktion *schaltung_fampel(1)* erstmalig aufgerufen, *setTimeout* sorgt für die weiteren Aufrufe. Das Programm endet erst, wenn das Browserfenster geschlossen wird.

N **3.26** Gestalte die Bilder zur Simulation der beiden Ampelzustände! Binde das Programm in eine Webseite ein und ergänze den Seitenquelltext. Teste mit verschiedenen Wartezeiten! Was müsste am Programm verändert werden, wenn es sich um eine Ampel handelt, die nur auf Anforderung eines Fußgängers auf grün schaltet? Variiere dein Programm!

Die Erweiterung des Programms auf die Simulation der Steuerung einer Straßenampel erfordert zunächst weitere Bilder. Zuerst wird das Bild „ampel" die ausgeschaltete Ampel zeigen, nach dem Programmstart folgen die Ampelphasen.

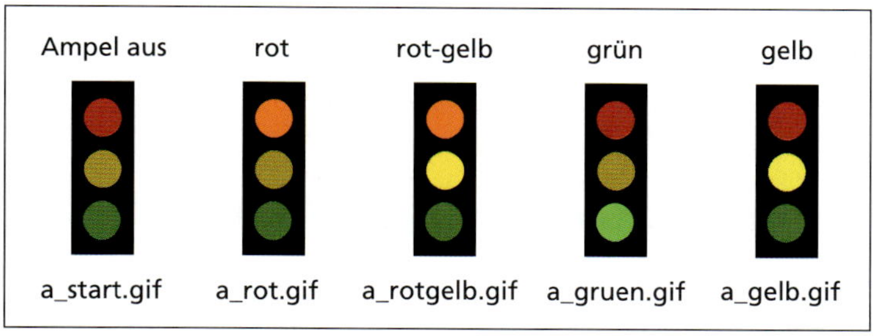

N 3.27 Erstelle die notwendigen Grafiken für die Simulation einer Straßenampel. Erweitere den Quelltext der Funktion schaltung_fampel(zustand) so, dass 4 Zustände eingenommen werden können! Beachte unterschiedliche Schaltzeiten. Gib der Funktion eine neue Bezeichnung! Teste dein Programm!

In einem nächsten Schritt werden die 4 Hauptampeln einer Straßenkreuzung gesteuert.

N 3.28 Ergänze die folgende Tabelle!

Zustand	Ampel 1	Ampel 2	Ampel 3	Ampel 4	Zeit
1	rot	rot	rot	rot	1s
2	rot-gelb		rot-gelb		1s
3	grün				
4	gelb				3s
5	rot	rot	rot	rot	
6		rot-gelb			
7					
8				gelb	

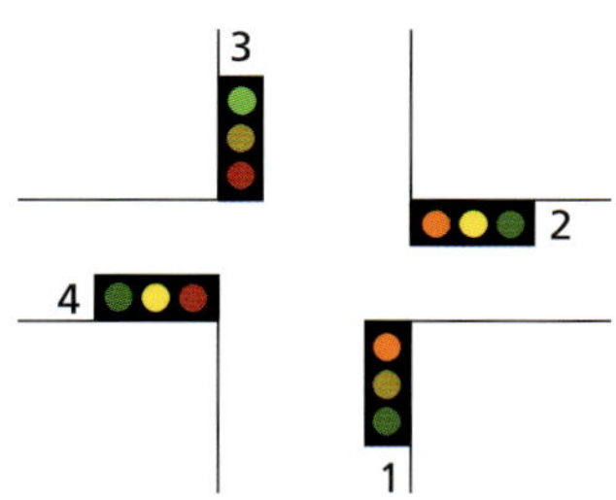

Die grafische Veranschaulichung der Straßenkreuzung auf der Webseite erfolgt mithilfe einer Tabelle mit 3 Spalten und 3 Zeilen. Damit die „Straßen" eine gewisse Breite haben, wird die Eigenschaft „width" gesetzt und mit Zeilenumbrüchen gearbeitet.

Mögliche Umsetzung der Tabelle für die Ampelkreuzung mit den Hauptampeln

```
<table border="1">
  <tr>
    <td width="40%"></td>
    <td width="20%">
      <br><br><br><br>
      <img src="a_start4.gif"
      name="ampel4">
    </td>
    <td width="40%"></td>
  </tr>
  <tr>
    <td align="right">
       <br><br><br>
       <img src="a_start1.gif"
       name="ampel1">
    </td>
    <td></td>
    <td align="left" valign="top">
       <img src="a_start3.gif"
       name="ampel3">
    </td>
  </tr>
  <tr>
    <td></td>
    <td align="right" valign="top">
       <img src="a_start2.gif"
       name="ampel2">
    <br><br><br><br>
    </td>
    <td></td>
  </tr>
</table>
```

Die Schaltung der Ampelkreuzung wird auf 8 Zustände erweitert. Für jeden Zustand müssen die 4 Bilder modifiziert werden. Die Anweisung für Zustand 1 könnte so aussehen:

```
if (zustand == 1)
{
    document.ampel1.src = "a_rot1.gif"
    document.ampel2.src = "a_rot2.gif"
    document.ampel3.src = "a_rot3.gif"
    document.ampel4.src = "a_rot4.gif"
    setTimeout("schaltung_fampel(2)",1000)
}
```

N 3.29 Gestalte die Webseite entsprechend nebenstehender Vorlage! Erstelle die entsprechenden Bilder für die Darstellungen der Ampel mithilfe eines Grafikprogramms! Erweitere den Quelltext der Funktion aus Aufgabe N 3.27 so, dass die Simulation der gesamten Ampelkreuzung realisiert werden kann!

Im nächsten Schritt können Fußgängerampeln ergänzt werden. Gegenüberliegende Fußgängerampeln sind immer gleich geschaltet, auch wenn die gesamte Ampelschaltung um Abbiegepfeile ergänzt würde. Für die Simulation reichen daher vier dieser Ampeln.

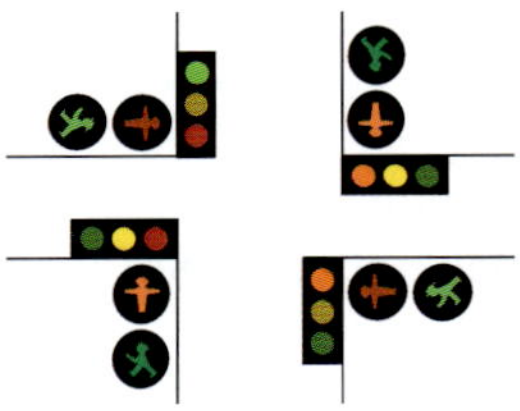

N 3.30 Ergänze die Zustandstabelle aus Aufgabe N3.28 um die Zustände der Fußgängerampeln!

Um nun die Ampeln auch wieder ausschalten zu können, benötigst du einen weiteren Zustand, Zustand 0: „Alle Ampeln aus". Mit dem Drücken auf den „Ampel aus"-Button wird „zustand" auf den Wert 0 gesetzt. Die Funktion zur Schaltung der Ampeln erhält eine weitere Auswahlanweisung für diesen Fall. Wenn der Zustand den Wert „0" hat, werden nur die Bilder der ausgeschalteten Ampeln geladen. Der Aufruf von *setTimeout* entfällt für diesen Fall.

N 3.31 Vervollständige dein Programm mit einem „Ampel aus"-Schalter und ergänze die Fußgängerampeln!

In einem weiteren Beispiel soll die Simulation des Heizungssystems mit eigenem Heizkessel auf einer Webseite erstellt werden. Wie bei der Simulation der Ampelschaltung gehen wir schrittweise vor, beginnend mit der **Heizungsregelung** eines Raumes. Ob ein Raum beheizt wird, hängt davon ab, welche Voreinstellung am Thermostat des Heizkörpers gemacht wurde. Ist die Raumtemperatur geringer, öffnet das Ventil – ist die gewünschte Raumtemperatur erreicht, schließt es.

N 3.32 Wie ist ein Thermostatventil aufgebaut? Welche Aufgabe hat die Dehnungsflüssigkeit und wozu dient die Ventilspindel? Informiere dich im Internet!

Um die Steuerung eines Thermostatventils zu simulieren, muss einerseits die Voreinstellung und andererseits der Vergleich mit der Raumtemperatur simuliert werden. Anstelle des Drehknopfes zur Voreinstellung der Temperatur werden zwei Buttons verwendet.

Test zur Simulation der Temperatureinstellung

[<] [18] °C [>]

Die eingestellte Temperatur wird jeweils aus dem Textfeld „temperatur“ gelesen und im gleichen Textfeld nach der Veränderung wieder ausgegeben. Für die Übersichtlichkeit des Programms ist es von Vorteil, die Variable zur Speicherung der Temperatur global zu definieren. Mit einem „Klick“ auf den linken Button wird die Funktion *minus()* aufgerufen:

```
function minus()
{
      temp = document.steuerung.temperatur.value
      temp - -
      document.steuerung.temperatur.value = temp
}
```

N 3.33 Erstelle zu Testzwecken ein Modul zur Voreinstellung der Temperatur! Ergänze im Programm die Variable und eine Funktion *plus()*. Nutze die Eigenschaft „size“, um die Größe der Formularelemente anzupassen!

Um das Zusammenspiel zwischen Heizung, voreingestellter Temperatur und Raumtemperatur in der Simulation beobachten zu können, werden im Formular weitere Elemente hinzugefügt. Die aktuelle Temperatur des Raumes und der Zustand der Heizung werden in Textfeldern angezeigt. Um einen abgeschlossenen Raum darzustellen, lässt sich eine Tabelle mit sichtbarem Rand (border="1") nutzen. Die Breite des Raumes wird mit dem Attribut „width" festgelegt. Die Hintergrundfarbe des Tabellenfeldes ist ein dunkles Gelb.

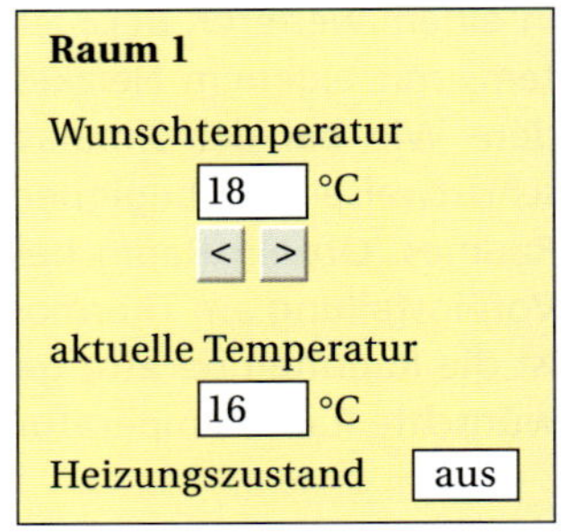

Die Formularelemente von Raum 1

```
<input type="text" name="vor-
einst" value="18" size="3">

<input type="button" value=" < "
name="minusknopf" size="3"
onclick="minus()">

<input type="button" value=" > "
 name="plusknopf" size="3"
onclick="plus()">

<input type="text" value="16"
name="raumtemp" size="3">

<input type="text" value="aus"
 name="heizzustand" size="3">
```

N **3.34** Gestalte das Formular zur Simulation der Temperaturregelung in einem Raum! Binde die JavaScript-Funktionen *minus()* und *plus()* ein!

Zum Testen kannst du nicht nur die Wunschtemperatur mithilfe der Buttons einstellen, sondern auch die aktuelle Temperatur durch direkte Eingabe in das entsprechende Feld.
Für die Simulation gehen wir zunächst vereinfachend davon aus, dass der Raum keinen Temperaturausgleich mit der Außenwelt hat. Das Einschalten der Heizung bewirkt die schrittweise Erhöhung der Raumtemperatur bis zum gewählten Wert. Dann schaltet sich die Heizung ab. Werden die Einträge in den Textfeldern der Temperatur nicht verändert, bleibt der erreichte Zustand stabil. Ob die Heizung eingeschaltet ist oder nicht, ist ein Ergebnis des Vergleichs zwischen Raum- und Wunschtemperatur. Du musst also noch eine Variable global definieren, in der die Raumtemperatur gespeichert wird.

N **3.35** Erstelle eine Programmplanung für das Modul *heizen()*! Beachte dabei, dass sich die Temperatur im Raum langsam erhöhen muss, beispielsweise in 0,1 Kelvin-Schritten.

Deine Programmplanung enthält sicher die Variablenbelegung der beiden Temperaturvariablen und eine bedingte Anweisung zur Erhöhung der Raumtemperatur. Diese Anweisungen werden fortwährend wiederholt, die Heizungsregelung ist aktiv, bis der gesamte Regelkreis ausgeschaltet bzw. in unserer Simulation das Browserfenster geschlossen wird.

```
function heizen()
{
   wahltemp=document.steuerung.voreinst.value
   raumtemp=document.steuerung.raumtemp.value
   if (wahltemp>raumtemp)
   {
     document.steuerung.heizzustand.value="an"
     raumtemp=1*raumtemp + 0.1
     document.steuerung.raumtemperatur.value=raumtemp
   }
   else document.steuerung.heizzustand.value="aus"
   setTimeout("heizen()",1000)
}
```

N 3.36 Vergleiche die Funktion *heizen()* mit deiner Programmplanung. Wozu dient die letzte Anweisung der Funktion? Binde die Funktion in dein Programm ein. Ergänze die Definition der globalen Variablen und erstelle einen weiteren Button, mit dem du die Funktion *heizen()* starten kannst!

Reale Heizungssysteme arbeiten ebenso wie unsere Simulation nach dem Einschalten ununterbrochen. Allerdings verfügen sie zusätzlich über einen Sicherheitsschalter. Strömt z.B. Gas aus, ist eine Ölleitung defekt oder liegt ein Kurzschluss vor, muss die Anlage sofort abgeschaltet werden.
Die Heizung lässt sich in diesem Fall erst dann erneut in Betrieb nehmen, wenn der Sicherheitsschalter wieder freigegeben wurde.

Ein Sicherheitsschalter lässt sich u.a. mit Hilfe einer Checkbox simulieren. Ist der Sicherheitsschalter "checked", so wird die Heizung vollständig ausgeschaltet. Das Unterprogramm heizen() lässt sich in folgender Weise erweitern:

```
   If (document.steuerung.fehler.checked)
   {
   document.steuerung.heizzustand.value="aus"
   }
   else
   {
     wahltemp=document.steuerung.voreinst.value
     ...
     setTimeout("heizen()",1000)
   }
```

Probleme mit der automatischen Erkennung der Variablentypen

Wurde die Variable **raumtemp** aus dem Textfeld z.B. mit „**16**“ belegt und dann die Anweisung
raumtemp=raumtemp + 0.1
ausgeführt, ist auf raumtemp nicht **16.1** gespeichert, sondern **160.1.**

„16“ und „0.1“ werden vom System als Text eingestuft. Der Operator „+“ auf Text angewendet führt zu einem Aneinanderfügen der Zeichen.

Das System lässt sich aber überlisten:
Multiplikation ist nur für Zahlen definiert, damit kann es nicht zu einer Fehlinterpretation kommen, also multipliziert man mit **1**.
raumtemp=1*raumtemp + 0.1

Checkboxen sind ein weiteres Objekt aus der Klasse **input**, sie können 2 Zustände haben.

Definition:
<input type="checkbox"
name="fehler"> ☐
oder
<input type="checkbox"
name="fehler" checked> ☑

Der Zustand lässt sich durch einfaches Anklicken verändern.

Im nächsten Schritt beschäftigen wir uns mit dem gesamten Heizungssystem eines Hauses. Für die Simulation sollen zwei unabhängige Räume und ein Heizkessel genügen.

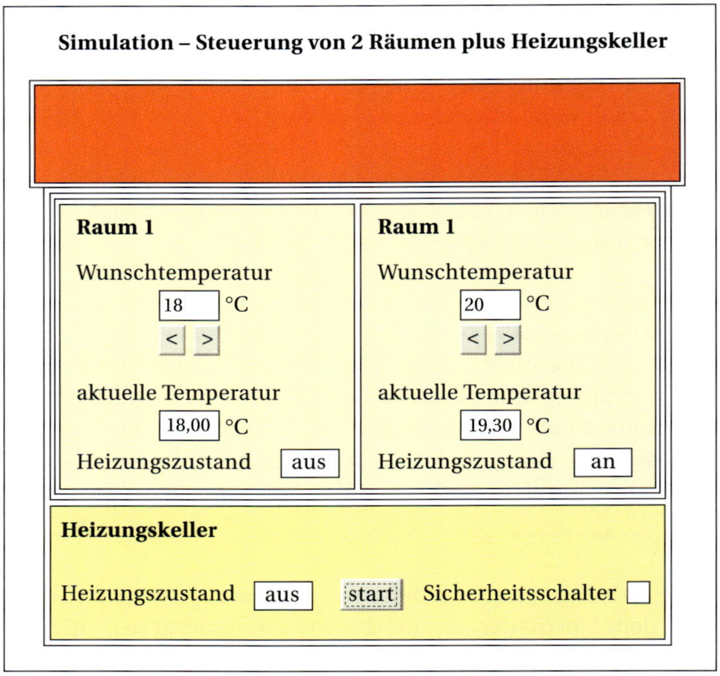

Tabellenstruktur für das dargestellte Haus

Dach:
Tabelle mit einer Breite von 500 und sichtbarem Rand (border="1") Pixeln, 1 Zelle

Räume und Keller:
Tabelle mit 2 Zeilen. Und einer Zelle pro Zeile, sichtbarer Rand

> **Obere Zelle – Räume:**
> Tabelle mit einer Zeile und 2 Spalten, sichtbarer Rand Beide Zellen: Breite 200
>
> **Untere Zelle – Keller**

Alle Elemente auf der Webseite zentriert.

N 3.37 Gestalte das Layout einer Webseite zur Simulation der Heizungssteuerung in einem Haus; beschränke dich wie im Beispiel auf zwei zu beheizende Räume und einen zentralen Heizkessel! Bezeichne die Formularelemente entsprechend des Raumes, die Textfelder z.B. mit *voreinst1*, *voreinst2*, *raumtemperatur1*, *raumtemperatur2*, ... !

Bei der Erweiterung des Programms ist von Nutzen, dass du bereits einige Module erstellt hast. Die Temperatureinstellung an einem Thermostat und die Heizungsregelung in einem Raum funktionieren schon. Du musst sie nur für beide Räume anpassen.

Du benötigst folgende Module:

function plus_raum1()	function plus_raum2()
function minus_raum1()	function minus_raum2()
function heize_raum1()	function heize_raum2()
function kessel()	function notaus()
function heizung_haus()	

i **Module** sind in der Programmierung in sich abgeschlossene Teile, die eine bestimmte Aufgabe ausführen. Sie bestehen in der Regel aus einer Schnittstelle zu anderen Modulen und dem eigentlichen Quelltext zur Realisierung der Aufgabe.

Die ersten 6 Funktionen lassen sich aus den Funktionen *plus()*, *minus()* und *heizen()* erstellen, beispielsweise:

```
function minus_raum2()
{
  wahltemp2=document.steuerung.voreinst2.value
  wahltemp2--
  document.steuerung.voreinst2.value=wahltemp2
}
```

Die Funktion *notaus()* setzt in allen Räumen durch Eintrag in die entsprechenden Textfelder die Heizungen auf „aus".
In der Funktion *kessel()* wird in Abhängigkeit vom Heizzustand in den Räumen entschieden, ob der Heizkessel eingeschaltet ist.

N 3.38 Welche Bedingungen müssen erfüllt sein, damit der Heizkessel eingeschaltet wird? Plane die Funktion *kessel()*!

Die Funktion *heizung_haus()* fasst nun alles zusammen.

document.steuerung.fehler,checked — ja	nein
notaus	heize raum1()
	heize raum2()
	kessel()
	setTimeout("heizung haus()" "1000))

N 3.39 Ergänze das Programm mit den angepassten und neuen Funktionen! Teste die Funktionalität der einzelnen Module! Bildet Gruppen und diskutiert, wie das Modell der Heizung erweitert werden muss, damit auch Auswirkungen der Außentemperatur in die Simulation miteinbezogen werden können!

Der Einfluss der Außentemperatur auf die Temperatur in den Räumen ist unabhängig vom Schaltzustand der Heizung. Diese Wechselwirkungen sollten in der Simulation daher sofort beginnen, wenn die Webseite gestartet wird. Der Start einer JavaScript-Funktion wird in einem solchen Fall durch das Setzen eines zusätzlichen Attributes im BODY-Tag der Webseite realisiert.

<body onload="Funktionsname">

Verknüpfungen von Bedingungen

(Bedingung1) **&&** (Bedingung2)
Beide Bedingungen müssen zutreffen, damit die logische Verknüpfung **UND** wahr ist.

(Bedingung1) || (Bedingung2)
Mindestens eine der Bedingungen muss zutreffen, damit die logische Verknüpfung **ODER** wahr ist.

Damit eine JavaScript-Funktion auch beim Start geladen werden kann, muss sie im „HEAD" der Webseite platziert werden:

```
<HTML>
  <HEAD>
        Titel
        weitere Dokumentinformationen
        Java-Script
  </HEAD>
  <BODY>
        Seiteninhalt (ggf. weiteres JavaScript)
  </BODY>
</HTML>
```

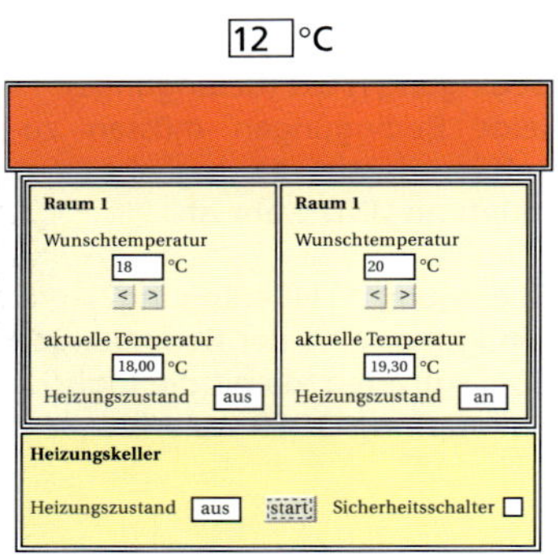

Es ist möglich, auf einer Webseite mehrere zeitgesteuerte Funktionen zu starten. Die Funktionen arbeiten unabhängig voneinander. Eine Funktion aussenwirkung() lässt sich damit ebenfalls mit einem setTimeout("aussenwirkung()",Zeitdauer) nach einer festgelegten Zeit wiederholen. Eine Funktion aussenwirkung() könnte die folgenden Zeilen enthalten:

```
if (aussentemp>raumtemp1)
{
  raumtemp1=1*raumtemp1 + 0.01
  document.steuerung.raumtemperatur1.value=raumtemp1
}
```

N 3.40 Plane den Algorithmus der Funktion aussenwirkung(). Ergänze das Formular mit einem „Außenthermometer"! Platziere das Script für die Funktion im HEAD und implementiere sie. Teste das vollständige Programm!

Bei der **Softwareentwicklung** ist eine schrittweise Vorgehensweise unerlässlich. Eine Programmieraufgabe wird ganz bewusst in Teilprobleme aufgeteilt, an der dann verschiedene Entwickler arbeiten. Voraussetzung für eine erfolgreiche Modellierung und Umsetzung ist die genaue Kenntnis der zugrunde liegenden realen Abläufe.

An den Beispielen der Simulation von Ampelsteuerung und Heizungsregelung hast du erlebt, dass informatische Modelle bei komplexeren Problemen schrittweise erweitert werden können. Die Teillösungen sind dann Module eines größeren Modells.

N 3.41 Wähle eine der beiden behandelten Simulationen aus und diskutiere in einer Gruppe, wie das Projekt erweitert werden müsste, um die Wirklichkeit möglichst genau wiederzuspiegeln!

574
489
490

Profile

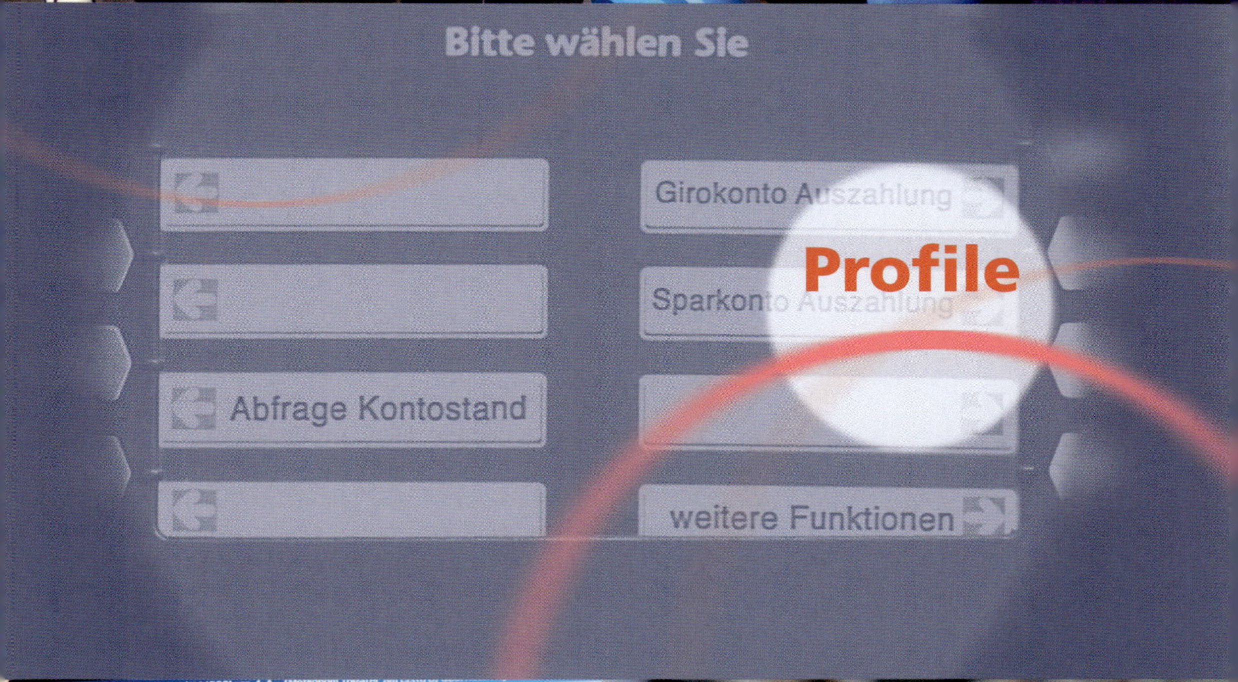
Bitte wählen Sie
Girokonto Auszahlung
Sparkonto Auszahlung
Abfrage Kontostand
weitere Funktionen

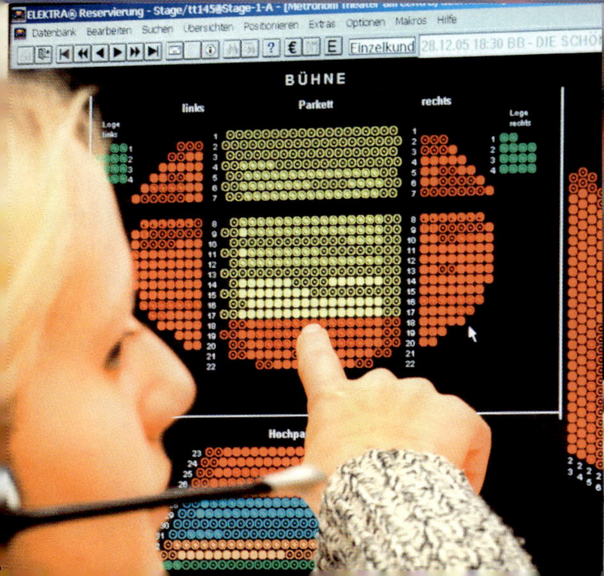
BÜHNE
links
Parkett
rechts

170

Kartenreservierung via Internet

Endlich ist es geschafft. Die Kostüme sind geschneidert, das Bühnenbild ist gebaut, die Schauspieler proben eifrig. Die Premiere ist schon auf der Webseite eurer Schule angekündigt.

Auf dieser Webseite soll nun auch eine Kartenreservierung über ein Formular ermöglicht werden. Dazu platziert ihr einen Link zu einer neuen Seite, die dann das entsprechende Formular enthält.

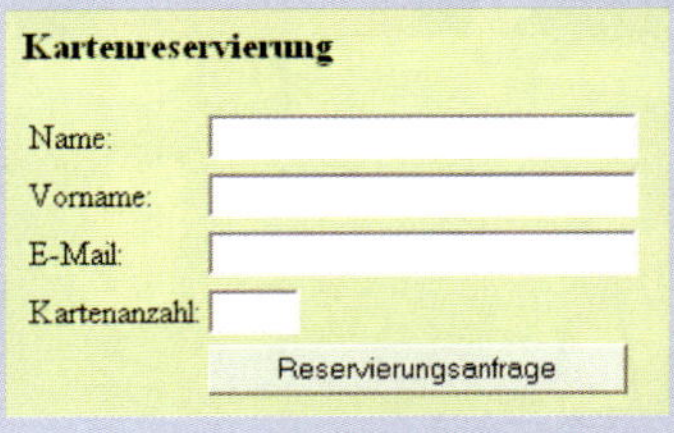

K 3.1 Erstelle ein Formular zur Reservierungsanfrage! Bezeichne es mit: *name="eingabe"* und die Textfelder mit: *"nachname"*, *"vorname"*, *"email"* und *"anzahl"*!

Bevor die eingetragenen Inhalte gesendet werden, soll überprüft werden, ob der Benutzer auch alle Felder ausgefüllt hat und die Eintragungen sinnvoll sein können.

K 3.2 Überlege dir, welche versehentlichen oder absichtlich vorgenommenen Fehleinträge auftreten können! Teile sie in 2 Gruppen: „maschinell überprüfbar" und „nicht maschinell überprüfbar". Bei den „prüfbaren" Fehlern überlege dir jeweils eine passende Fehlermeldung! Notiere deine Vorüberlegungen in Pseudocode (z.B. Wenn Namensfeld leer, dann: „Tragen Sie Ihren Nachnamen ein")!

Zur Überprüfung der Eingabedaten wird eine Funktion pruefe() erstellt. Nach Drücken des „Reservierungsanfrage-Knopfes" erscheint dann eine Meldung, in der alle erkannten Fehler aufgelistet werden und zur Berichtigung auffordern.

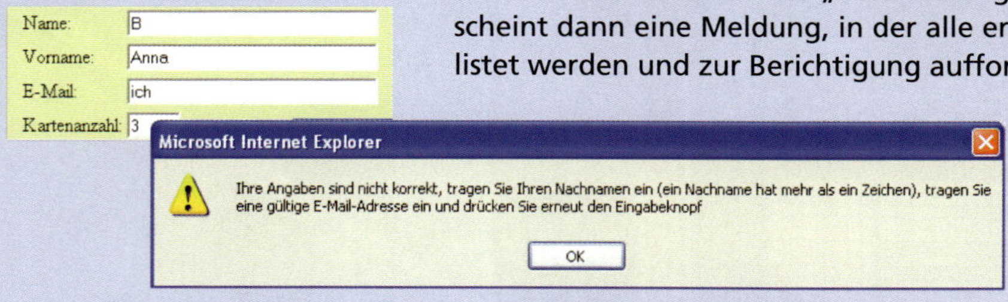

Diese Fehlermeldung wird in der Funktion pruefe() aus einzelnen Satzteilen zusammengesetzt. Das erfolgt durch Anfügen von Wortgruppen an eine anfangs leere Variable *fehler.*

```
var fehler=""
```

Die Prüfung des Nachnamens auf Richtigkeit könnte so aussehen:

```
var nn=document.eingabe.nachname.value
if (nn.length<2)
{
fehler = fehler + ", tragen Sie Ihren Nachnamen ein"
}
f (nn.length==1)
{
fehler = fehler + " (ein Nachname hat mehr als ein Zeichen)"
}
```

K 3.3 Bereite auf deiner Website den Bereich zur Eingabe für den Programmquelltext der Funktion *pruefe()* vor. Übernimm den oben stehenden Quelltext! Ergänze entsprechend deinen Vorüberlegungen die weiteren Überprüfungen und Fehlermeldungen für Vorname *vn*, E-Mail-Adresse *em* und Kartenanzahl *az*! Beachte dazu auch die Hinweise auf der rechten Seite! Setze das Attribute *onclick* des Buttons auf *"pruefe()"*!

Wenn alle Überprüfungen durchgeführt wurden, wird getestet, ob fehler noch leer ist. In diesem Fall gibt es keine erkennbaren Fehler, die Bestellung kann per Email abgesendet werden. Die zu sendende Nachricht wird zusammengestellt und als Betreffzeile mit Hilfe des Mailprogramms des Nutzers versendet.

```
If (fehler=="")
{
var bestellung = az+" Karten für  "+nn+", "+vn+", E-Mail: "+em
parent.location.href='mailto:theater@musterschule.de  ?subject='+bestellung+''
}
```

Im anderen Fall wird der *„fehler"* um eine einleitende und eine abschließende Wortgruppe ergänzt und die Fehlermeldung ausgegeben.

```
fehler = "Ihre Angaben sind nicht korrekt"+fehler+" und drücken Sie erneut den Eingabeknopf."; alert(fehler)
```

K 3.4 Vervollständige die Funktion pruefe(). Teste das Programm und berichtige gegebenenfalls auftretende Fehler!

i **Methoden zum Untersuchen von Zeichenketten:**

IndexOf()
Ermittelt die Stelle, an der das Zeichen in der Klammer das erste mal in einer Zeichenkette vorkommt. Ist das Zeichen nicht enthalten, wird -1 zurückgegeben.
Beispiel:
(em.indexOf("@")== -1) ist wahr, wenn @ nicht in der Zeichenkette em vorkommt.

isFinite()
Testet, ob in der Klammer eine ganze Zahl steht.
Beispiel:
(isFinite(az)) ist wahr, wenn auf az eine ganze Zahl gespeichert ist,
(!isFinit(az)) ist wahr, wenn auf az keine ganze Zahl gespeichert ist.

i Die Versendung von Formulardaten ohne Verwendung spezieller Sendmail-Programme ist unsicher, oft ist der Inhalt der versendeten Mail leer. Die Platzierung des Textes als Betreffzeile funktioniert dagegen problemlos. In unserem Fall hat dieser „Trick" zusätzlich den Vorteil, dass die Informationen vom Empfänger gelesen werden können, ohne die E-Mail zu öffnen.

Algorithmen zur Unterstützung gesellschaftlicher Prozesse

Auszug aus dem Grundgesetz
Artikel 20

(4) Gegen jeden, der es unternimmt, diese Ordnung zu beseitigen, haben alle Deutschen das Recht zum Widerstand, wenn andere Abhilfe nicht möglich ist.

In demokratischen Staaten ist das Recht auf Widerstand gegen willkürliche Entscheidungen und Angriffe auf die demokratische Grundordnung gesetzlich verankert. Widerstand kann verschiedene Ausprägungen haben und reicht von der Beschwerde bis hin zur Verweigerung von Anweisungen bzw. Befehlen.
Auch in der Schule gibt es Verfahrenswege, die ein Schüler nutzen kann, wenn er sich willkürlich oder ungerecht behandelt fühlt. Oft sind gerade jüngere Schüler unsicher, wenn es um die Wahrung ihrer Rechte geht. Das folgende Programm zeigt Möglichkeiten und Wege bei Problemen mit Lehrern oder Mitschülern.
Der betroffene Schüler wählt einen Problemkreis aus, klickt auf „Was tun" und erhält einen ersten Tipp. Danach öffnet sich die nächste Webseite. Dort wird abgefragt, ob der Schüler nun erfolgreich war. Wenn ja, kann er den Webratgeber schließen, wenn nein, gibt es einen Rat zur Einschaltung der nächsten Instanz. Dies kann bis zur Ausschöpfung aller Mittel fortgeführt werden. Der Ratgeber besteht somit aus vielen kleinen Webseiten, die jeweils aus JavaScript-Funktionen aufgerufen werden.

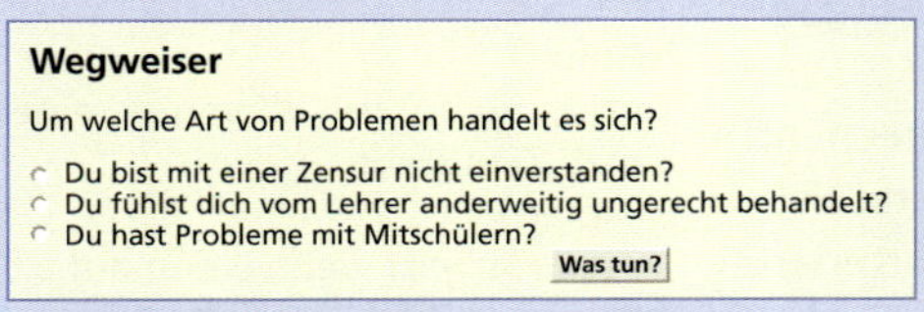

Formularelement Radiobutton

<input type="radio" name="ausw" ...>

Radiobuttons, die in einem Formular mit demselben Namen bezeichnet werden, bilden eine Gruppe, von denen nur ein Button ausgewählt werden kann.
Der erste Button wird dann mit *NamedesButtons*[0] angesprochen, der zweite *mit Namedes Buttons*[1]. Es wird ausgewertet, ob der Button ausgewählt (checked) wurde.

Beispiel:

```
if
(document.wege.ausw[0].checked)
{
  alert("Geh zum Fachlehrer und
  lege deinen Standpunkt dar!")
  location.href="einigung1.html"
}
else if
(document.wege.ausw[1].checked)
...
else alert("Hast du keine Probleme, schließe das Programm!")
```

Aufruf einer Webseite

G **3.1** Entwerft im Klassenverband einige Szenarien für Probleme, die im Schulumfeld auftreten können!
Diskutiert in Gruppen je einen eng begrenzten Problemkreis und erstellt eine Schrittfolge für das Vorgehen in dem entsprechenden Fall! Stellt den Verfahrensweg grafisch mithilfe von Elementen eines Programmablaufplanes oder Struktogramms dar! Die Schüler einer Gruppe sind nun Experten für einen bestimmten Fall.

G **3.2** Bildet neue Gruppen, in denen für jeden Fall ein Experte vorhanden ist. Jedes Gruppenmitglied erläutert seinen Fall und erklärt den Verfahrensweg!
Entwerft in dieser neuen Gruppe eine Webseiten-Struktur (z. B. als Baumdiagramm), in der die Szenarien ausgehend von einer Startseite behandelt werden!
Teilt die Arbeit für die Erstellung der Webseiten untereinander auf und fügt am Schluss die Seiten zusammen!
Testet die Seiten und vergleicht die Lösung mit denen der anderen Gruppen!

Im Abschnitt 3.1 hast du dich mit einfachen kryptografischen Verfahren beschäftigt. Die verschlüsselte Weitergabe von Nachrichten ist im Zeitalter weltweiter Vernetzung von sehr großer Bedeutung. Es werden immer neue Algorithmen erdacht, um die Geheimhaltung von Informationen zu gewährleisten.

i krypthós (griech.) = geheim/verborgen
gráphein(griech)= schreiben

Kryptologie:
Wissenschaft von der Ver- und Entschlüsselung von Informationen
Kryptografie = Verschlüsselung
Kryptoanalyse = Entschlüsselung

G **3.3** Finde Beispiele für Informationen, deren Übermittlung verschlüsselt erfolgen muss. Diskutiere Folgen einer Offenlegung der Informationen!

Im folgenden Beispiel soll der Algorithmus zur Verschlüsselung mit Cäsar-Chiffre mithilfe von JavaScript umgesetzt werden. Der Einfachheit halber werden nur Großbuchstaben verschlüsselt. Die Anzahl der Zeichen wird mit der Funktion **length** bestimmt.

*anzahl_der_zeichen=txt.**length***

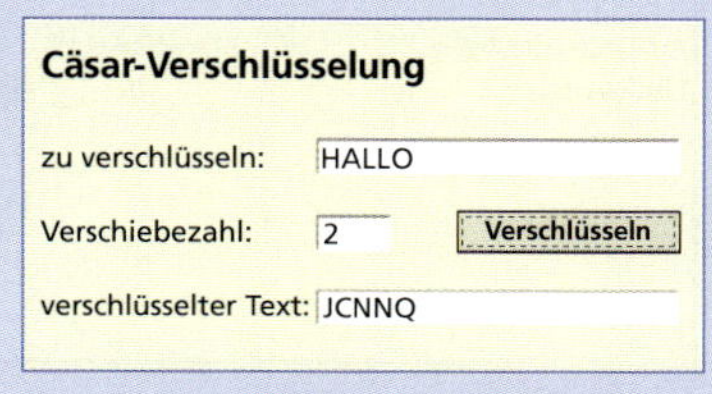

Nun wird der Text ***txt*** schrittweise verschlüsselt. Dazu benötigen wir eine Funktion, die den ASCII-Code eines Zeichens ermittelt.

*code=txt.**charCodeAt(i)***

Diese Funktion speichert auf der Variablen ***code*** den ASCII-Wert des Zeichens, das sich an der ***i***-ten Stelle des Textes ***txt*** befindet. Nach der Addition der Verschiebezahl ***vz*** wird dem Zahlencode wieder ein Zeichen zugeordnet:

*zeichen=**String.fromCharCode**(code)*

An eine zuerst „leere" Variable ***neutext*** wird in jedem Schleifendurchlauf ein verschlüsseltes Zeichen angefügt. Damit entsteht schrittweise der verschlüsselte Text, der am Ende des Programms ausgegeben wird.

```
function caesar()
{
  var txt
  var neutext=" "
  var anzahl_der_zeichen
  var zeichen
  var code
  var vz
  vz=1*document.f.vzahl.value
  txt=document.f.eingabe.value
  anzahl_der_zeichen=txt.length
  for (var i=0;
      (i<anzahl_der_zeichen); i++)
  {
    code=txt.charCodeAt(i)
    if ((code>64) && (code<91))
    {
      code = code + vz
      if (code>90) code = code - 26
    }
    zeichen=
    String.fromCharCode(code)
    neutext=neutext+zeichen
  }
  document.f.ausgabe.value=
  neutext
}
```

G **3.4** Vergleiche den nebenstehenden Quelltext der Funktion caesar() mit der Beschreibung des Algorithmus auf Seite 93. Ordne jedem Schritt des Algorithmus die zugehörige(n) Quelltext-Zeile(n) zu. Finde den Unterschied zwischen der Beschreibung und dem nebenstehenden Algorithmus!
Binde die Funktion in eine Webseite ein, ergänze die notwendigen Formularelemente und teste sie!

G **3.5** Sollte Cäsar-Chiffre zur Verschlüsselung von Computerpasswörtern eingesetzt werden? Begründe!

Algorithmen zur Simulation des realen Wurfes

Wenn du in einer Wurfsportart erfolgreich sein willst, benötigst du neben Armkraft die richtige Wurftechnik.

S **3.1** Recherchiere, wodurch die Wurfweite bei verschiedenen Wurfdisziplinen beeinflusst wird! Arbeite Allgemeingültiges heraus!

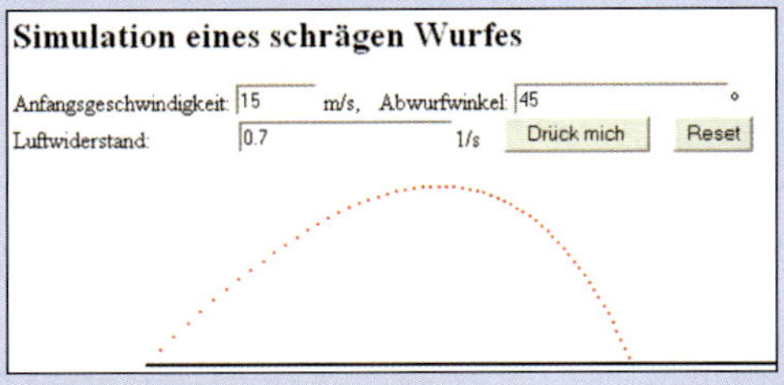

Im Beispiel wird nur der Einfluss der Luftreibung beachtet.

Gleichungen zur Beschreibung von idealen Wurfbewegungen findest du in deiner Formelsammlung; Luftreibung oder Windverhältnisse werden hierbei vernachlässigt. Um den Verlauf eines realen Wurfes beschreiben zu können, werden Computersimulationen durchgeführt. Solche Simulationen beruhen auf dem sogenannten „Kleinschrittverfahren“ **(Iteration).**

S **3.2** Erstelle eine Webseite, auf der du die für die Realisierung eines Simulationsprogramms notwendigen Formularelemente platzierst und die Beschriftungen realisierst!

i Bei der **Iteration** wird in Schritten aus jedem erreichten Zustand unter Beachtung der geltenden physikalischen Gesetze der nächste Zustand errechnet.

i **Physikalische Grundlagen:** Zerlegung der **Geschwindigkeit** in x- und y-Richtung

$v_x = v \cdot \cos\alpha$
$v_y = v \cdot \sin\alpha$

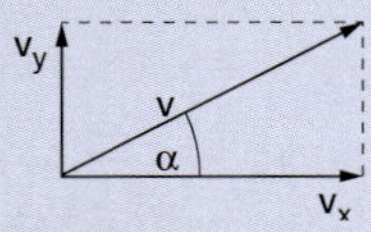

Beschleunigung: $a = \frac{\Delta v}{\Delta t}$

Der Luftwiderstand hängt von der Form und Oberflächenbeschaffenheit des bewegten Körpers ab. Diese Eigenschaften werden im Luftwiderstandsbeiwert c_w zusammengefasst. Weiterhin ist die Kraft, die einer Bewegung entgegenwirkt, von der Geschwindigkeit abhängig. Im betrachteten Fall ist sie etwa proportional zur Geschwindigkeit.

Im Flug bewirken Kräfte eine Veränderung des Bewegungszustandes. Aufgrund seiner Trägheit würde sich der geworfene Körper in die ursprüngliche Richtung weiterbewegen, doch Gravitation und Luftreibung beeinflussen seine Bahn. Die Geschwindigkeit lässt sich zu jedem Zeitpunkt neu berechnen. Aus der Definition der Beschleunigung erhalten wir:

$$\Delta v = v_{neu} - v_{alt} = a \cdot \Delta t, \text{ also } v_{neu} = v_{alt} + a \cdot \Delta t$$

In x-Richtung wirkt nur der Luftwiderstand, die Beschleunigung ist das Produkt der momentanen Geschwindigkeit vx mit dem Luftwiderstandsbeiwert cw. In y-Richtung kommt noch die Erdbeschleunigung hinzu:

$$a_x = - v_x \cdot cw, \quad a_y = - (g + v_y \cdot cw)$$

Zur Simulation werden in einer Wiederholungsanweisung Ort (x- und y-Koordinate), Zeit und Geschwindigkeit (vx, vy) berechnet. Es werden nur sehr kurze Zeitabschnitte Δt betrachtet, sodass sich für die Berechnung der Ortskoordinaten die Gesetze der gleichförmigen Bewegung anwenden lassen.

```
x = x + vx * dt;  y = y + vy * dt; t = t + dt
```

Für die Berechung der Geschwindigkeit ergibt sich:

```
vx = vx - cw * vx * dt ;  vy = vy - (9.81+ cw * vy) * dt
```

Nun soll der Wurfverlauf grafisch darstellt werden. Vor Beginn der Wiederholungsanweisung werden dazu Startwerte festgelegt, beispielsweise *startx=100* und *starty=500*. Ein Vergrößerungsfaktor (zoom) ermöglicht eine gut sichtbare Darstellung.

In der Schleife folgen nach den Berechnungen der tatsächlichen Werte die der Koordinaten für die Darstellung. Dann kann der Punkt im Browserfenster ausgegeben werden.

```
xwert=Math.floor(startx+x*zoom)
ywert=Math.floor(starty-y*zoom)
punkt (xwert,ywert,"#FF0000")
```

S 3.3 Bereite auf deiner Webseite den Bereich zur Eingabe für den Programmquelltext des Simulationsprogramms vor. Übernimm dorthin zunächst die Funktion punkt(x,y,c)! Zeichne ein Struktogramm für die Realisierung einer Funktion wurf()! Überlege genau, welche Schleifenart sinnvoll ist, damit die Simulation beim Berühren des „Bodens" anhält!

Alle Variablen werden vor dem Durchlaufen der Schleife mit Anfangswerten belegt. Die Anfangsgeschwindigkeit vo, der Abwurfwinkel wi und der Luftwiderstandsbeiwert cw erhalten ihre Werte aus den Textfenstern des Formulars. Die Länge der Zeitabschnitte dt solltest du zunächst auf 0.03 festlegen und den Vergrößerungsfaktor auf 30. x,y und t werden auf „0" gesetzt. Die Festlegung kann mit der Variablenvereinbarung erfolgen:

```
var vx=vo*Math.cos(wi*Math.PI/180)
var vy=vo*Math.sin(wi*Math.PI/180)
```

S 3.4 Implementiere die Funktion wurf() entsprechend deines Struktogramms! Ergänze das Formular, sodass die Funktion mit Hilfe des Buttons aufgerufen werden kann. Teste das Programm und beseitige gegebenenfalls Fehler! Füge in wurf() nach der Schleife die Anweisung

alert("wurfweite=" +x+ "m, Flugzeit=" +t+ "s") ein!

Simuliere nun mit verschiedenen Startwerten und vergleiche den Wurfverlauf für Berechnungen mit cw=0 und cw>0! Ermittle den günstigsten Abwurfwinkel bei $v_0=20ms^{-1}$ und $cw=2s^{-1}$!

S 3.5 Arbeitet in kleinen Gruppen. Filmt reale Wurfvorgänge im Sport und wertet das Videomaterial in Zeitlupe aus! Ermittelt Wurfweite und Abwurfwinkel und skizziert den Wurfverlauf! Vergleicht mit den Ergebnissen der Simulation!

i Punkte auf einer HTML-Seite

JavaScript ist ursprünglich nicht für derartige grafische Ausgaben vorgesehen.

Die folgende Funktion punkt(x,y,c) nutzt die Möglichkeit von HTML, sogenannte DIV-Container zu erzeugen, die an jeder beliebigen Position der Webseite platziert werden können und zur strukturierten Seitengestaltung dienen. Hier werden an Position (x,y) kleine quadratische Elemente von 2 Pixel Seitenlänge mit der Hintergrundfarbe (c) erzeugt, die auf dem Bildschirm wie Punkte erscheinen.

Mit document.body.innerhtml+=pix wird der Farbpunkt dann dem BODY der HTML-Seite hinzugefügt:

```
function punkt(x,y,c)
{
 x = Math.floor(x);
 y = Math.floor(y);
var pix = "<div style = ' position: absolute; left:"+x+"px; top:"+y+"px; font-size:1px; width=2px; height=2px; background:"+c+" '> </div>"
document.body.innerHTML += pix
}
```

Eine 600 Pixel breite und 1 Pixel hohe Linie als „Erdboden", beginnend an den Koordinaten (100,500) lässt sich so hinzufügen:

```
document.body.innerHTML +=
"<div style='position:absolute; left:100px; top:500px; font-size:1px; width=600px; height=1px; background:#000000' > </div>"
```

Auf den Punkt gebracht

Algorithmen und Programme

Algorithmen

- sind eindeutige, endliche und ausführbare Folgen von Anweisungen
- verarbeiten Daten
- lassen sich auf unterschiedliche Weise darstellen
  - als Pseudocode, also als umgangssprachliche Beschreibung der Anweisungsfolge
  - als Grafiken, z.B. als Programmablaufplan oder Struktogramm
  - als Computerprogramm, also in einer Programmiersprache
- bestehen aus einfachen und strukturierten Anweisungen

Es werden die folgenden **algorithmischen Grundstrukturen** unterschieden:

Sequenz	**bedingte Anweisung**	**Wiederholung**
Folge von Anweisungen, die in der vorgegebenen Reihenfolge abgearbeitet werden. Jeder Algorithmus enthält mindestens eine Sequenz.	Struktur, die dazu dient, bestimmte Anweisungen nur ausführen zu lassen, wenn eine vorgegebene Bedingung erfüllt ist.	Struktur, die es ermöglicht, Anweisungen mehrmals hintereinander ausführen zu lassen.

Darstellung ausgewählter algorithmischer Grundstrukturen **als Struktogramm**

Sequenz — **bedingte Anweisung zweiseitige Auswahl** — **Wiederholung mit Eingangsbedingung**

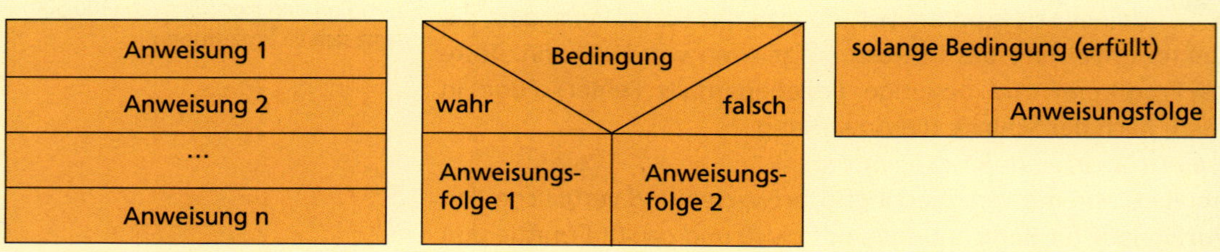

Das Erstellen von Computerprogrammen ist eine Form des informatischen Problemlösens.

In höheren **Programmiersprachen** lassen sich komplexe Algorithmen in einzelne Module aufteilen, die dann in einem Programm zusammengefasst werden.

Daten und Programme werden im Speicher eines Computers in **Bitcode** abgelegt.

4 Rechnernetze und Dienste

Kommunikation, lat. communicare – teilen, mitteilen, teilnehmen lassen, gemeinsam machen, vereinigen

4.1 Kommunikation im Wandel der Zeiten

A 4.1 Wähle dir einen Partner in der Klasse. Setzt euch gegenüber und betrachtet euch ein bis zwei Minuten, ohne ein Wort zu sagen! Welche Informationen konntest du aus der Betrachtung entnehmen?

Sicher fiel es dir schwer, nicht zu reden. Trotzdem konntest du bestimmt eine Menge Informationen aus der Haltung, der Mimik und Gestik deines Mitschülers entnehmen. Fühlte er sich belustigt oder war er gelangweilt? Versuchte er geheime Zeichen zu geben oder gar zu reden, also mit dir zu kommunizieren? Unsere Gefühle können wir Menschen nicht verbergen.

1 Vermittelt Informationen mittels Mimik und Gestik: Der Clown.

Kommunikation ist ein Grundbedürfnis der Menschen. Menschen kommunizieren stets miteinander – auch wenn sie nicht sprechen.

A 4.2 Nimm dir ein Blatt Papier und notiere in drei Minuten alle Begriffe die dir zum Thema „Kommunikation" einfallen! Bildet jetzt eine Gruppe von 3 bis 5 Schülern und erstellt aus den Begriffen aller Gruppenmitglieder eine Gesamtliste aller Wörter!

A 4.3 Sortiert und gruppiert die Begriffe aus Aufgabe A4.2 nach selbstgewählten Kriterien. Erstellt aus dieser Gruppierung ein „MindMap" auf einem Blatt Papier oder mithilfe eines geeigneten Programms! Gestaltet mit den Ergebnissen eurer Arbeit eine kleine Ausstellung!

Mit großer Aufmerksamkeit beachten Hunde ihre Umwelt und mmunizieren mit dieser.

Wie komplex das Thema Kommunikation ist, zeigt bereits euer „MindMap". Aber habt ihr auch an die Natur gedacht? Auch Pflanzen können Informationen aus der Umwelt aufnehmen, in ihrem Organismus weiterleiten und darauf reagieren. Und wer kennt nicht das Zwitschern der Vögel, die Lockrufe der Tiere oder die Drohgebärden von Hunden und Katzen. Das hoch entwickelte Nervensystem der Säugetiere ermöglicht ihnen erstaunliche Kommunikationsleistungen. Kommunikation bezeichnet den Austausch von Botschaften zwischen Lebewesen, wie Signale, Hinweise, Mitteilungen, Nachrichten, Auskünfte, Informationen.

Nicht nur Lebewesen kommunizieren miteinander. Auch bei der Bedienung deines Computers nimmst du ständig Eingaben vor und tauschst mit ihm Botschaften aus. Hierfür hat sich der Begriff **Mensch-Maschine-Kommunikation** ausgeprägt. In modernen Industrieanlagen ist die Automatisierung bereits so weit fortgeschritten, dass der Mensch an vielen Stellen nicht mehr benötigt wird. Bei der **Maschine-Maschine-Kommunikation** tauschen die technischen Systeme selbstständig Informationen aus. Der Begriff Kommunikation muss erweitert werden.

1 Automatisierte Paketsortierungen setzen einen selbstständigen Informationsaustausch der technischen Systeme voraus.

Kommunikation bezeichnet den wechselseitigen Austausch von Botschaften zwischen Lebewesen, Objekten oder Systemen.

Grundsätzlich benötigt jede Kommunikation einen Sender und einen Empfänger. Beide sind mindestens mittels eines **Übertragungskanals** verbunden (↗ Abb. 2). Der Sender schickt ein **Signal** ab, welches aus der zeitlichen Veränderung einer physikalischen oder chemischen Größe besteht. Durch die Umgebung wirken auf das Signal Störungen ein.

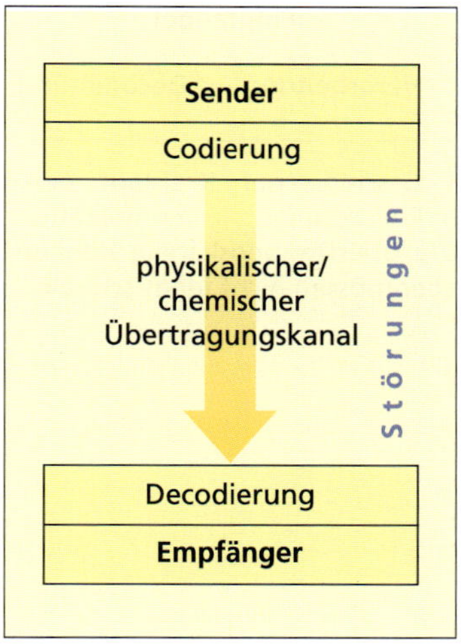

2 Grundmodell der Kommunikation, nach dem eine Reaktion des Empfängers nicht notwendig ist – unidirektionale Kommunikation.

N 4.4 Gegeben sind die folgenden Begriffe: Verbrennung, Hormone, Sprache, Befruchtung, mechanische Übertragung, Pantomime, Handy, Müllhalde, elektrische Ströme, Radiowellen, Schall, streicheln, Wärme, genetischer Code, Geschmackstoffe, Geruchsstoffe, Bitterlemon, Telefon, Licht, Wachstum.
Bei welchen handelt es sich um einen physikalischen/chemischen Übertragungskanal? Diskutiert eure Lösungen im Klassenverband! Ordne nun die restlichen Begriffe den Übertragungskanälen zu!

Bevor der Sender einen Übertragungskanal nutzen kann, muss die Nachricht passend zum Kanal umgesetzt werden. Dieser Vorgang wird als **Codierung** bezeichnet. Gleichzeitig muss der Empfänger in der Lage sein, die Nachricht zu **decodieren.** Sonst ist die Übermittlung der Botschaft misslungen, es hat also keine Kommunikation stattgefunden.

i Der Begriff **Botschaft** bedeutet, dass die übertragenen Signale vom Empfänger verstanden wurden und ihm neues Wissen bringen. Die Übertragungskanäle können in zwei Arten eingeteilt werden: Kanäle, die **Energie** oder die **Stoff** transportieren.

N 4.5 Sortiere die Begriffs-Paare aus N 4.4 nach Energie- bzw. Stofftransport! Notiere für mindestens zwei Übertragungskanäle die Sende- und Empfangsorgane des Menschen!

Das Grundmodell der Kommunikation besitzt wie jedes Modell seine Grenzen. Aussagen über den Verlauf, die Qualität oder die Anzahl der an der Kommunikation beteiligten Mitglieder ist nicht möglich. Bei der **unidirektionalen Kommunikation** verläuft der Nachrichtentransport nur in eine Richtung, während es bei der **bidirektionalen Kommunikation** zu einer Rückmeldung des Empfängers kommt. Sind mehrere Teilnehmer gleichzeitig am Kommunizieren, sprechen wir von **multidirektionaler Kommunikation.**

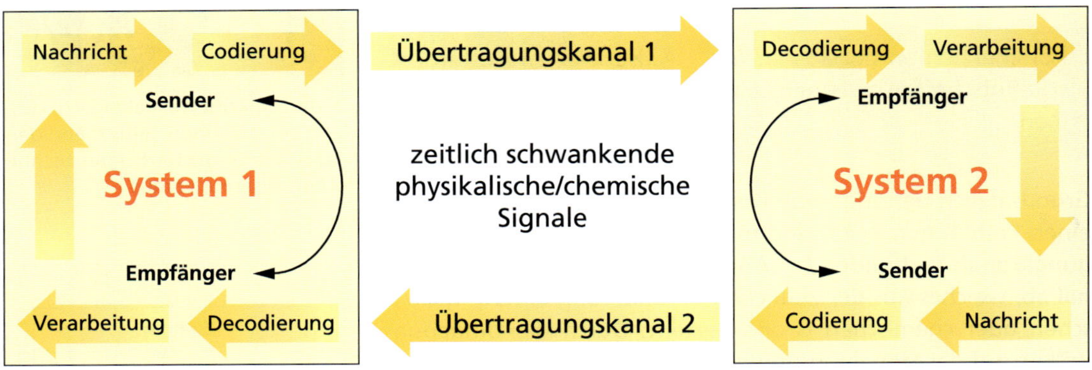

1 Geschlossener Kreislauf einer bidirektionalen Kommunikation. Die Übertragungskanäle können, aber müssen nicht identisch sein.

In den letzten Jahrzehnten hat sich unser Leben durch moderne Kommunikationsmittel, wie Presse, Bücher, Radio, Fernsehen, Telefon, Mobilfunk und Computernetze, gravierend verändert. Es fällt schwer, sich ein Leben ohne diese Mittel vorzustellen. Doch wie haben unsere Vorfahren miteinander kommuniziert? Welche Hilfsmittel haben sie benutzt? Wie schnell konnten früher Informationen verarbeitet werden?

Betrachten wir zunächst den Übertragungskanal Schall, bei dem sich feinste Druck- und Dichtestörungen in einem Medium wie der Luft ausbreiten. Die Entwicklung der wichtigsten Kommunikationsform, der Sprache, führte letztlich zum Bewusstsein des Menschen, welches uns vom Tierreich unterscheidet. Nachrichten per Sprache wurden mittels Boten zu Fuß, später zu Pferd und Wagen übertragen. Bei vielen Naturvölkern verbreitet ist der Nachrichtenaustausch mit Trommeln, welche nach einem festen Signalcode arbeitet.

Telegrafie, griech. tele, – „fern" und gráphein – „kritzeln, schreiben, zeichnen", Nachrichtenübermittlung über mehr oder weniger weite Strecken mittels technischer Geräte

Neben der akustischen Nachrichtenübertragung benutzten unsere Vorfahren bereits Licht als Übertragungskanal. Als Vorläufer der optischen **Telegrafie** gelten Rauchwolken, Feuer- und Fackeln sowie Spiegelungen von Sonnenlicht (Heliograf). So soll der Fall der antiken Stadt Troja im Jahre 1184 v. Chr. durch Rauchsignale über 500 km und durch weitere neun Fackelstationen nach Argos übermittelt worden sein. Für die Übertragung von gerade mal einem Bit an Information handelte es sich hier zwar um ein schnelles, aber teures Verfahren. Jede Rauch- und Fackelstation benötigte mindestens zwei Personen, die wiederum lange Zeit warten und ernährt werden mussten.

1 Satellitennetze repräsentieren heute die moderne Form des Relaisprinzips.

Bereits hier benutzen die Menschen das **Relaisprinzip** der Nachrichtenübertragung. Dabei werden in bestimmten Abständen die Signale empfangen, verstärkt und weitergeleitet beziehungsweise bestimmte Orte überhaupt erst erreicht. Leider geriet die optische Telegrafie der Antike in Vergessenheit und wurde erst im 18. Jh. neu erfunden. Flügel- und Zeigertelegrafen mit weit sichtbaren, beweglichen Armen erlangten praktische Bedeutung.

N **4.6** Bildet Gruppen ausreichender Stärke und testet die Übermittlung einer Nachricht nach dem Relaisprinzip! Wählt eine geeignet große Strecke, z. B. um eure Schule. Besorgt notwendige technische Hilfsmittel, wie Taschenlampen, Zeigerinstrumente, Musikinstrumente, ... und trefft erforderliche Absprachen!

Die „Erfindung" und Verbreitung der Schrift zählt zu den entscheidenden Wendepunkten in der Entwicklung der Menschen. Sie förderte die Wissensverbreitung, die Wissenschaften und Kultur. Das Kommunikationsmittel „Brief", eine übersandte Nachricht mit Empfänger und Sender, wurde geboren. Für dringliche Nachrichten fand sich in der Natur ein schneller Bote, die Taube. Besonders ihr guter Orientierungssinn und die hohe Fluggeschwindigkeit von ca. 60 km/h führten zu ihrem Einsatz. Die Ägypter nutzten ihre Fähigkeiten bereits 1000 v. Chr., während sie in Europa erst im 16. Jh. Einzug hielt.

2 Die „Gutenbergbibel", mit beweglichen Metalllettern gedruckt

Als im Jahre 1440 der Buchdruck mit beweglichen Metalllettern durch JOHANNES GUTENBERG (1400–1468) erfunden wurde, begann das Zeitalter der Massenkommunikation durch das geschriebene Wort. Die preiswerte Verbreitung von Büchern, Flugblättern und Zeitungen leitete eine Medienrevolution ein und war ein wesentlicher Schritt zur Alphabetisierung der Menschen.

Eine weitere Revolutionierung der gesamten Kommunikation begann mit den neuen Erkenntnissen zur Elektrizität. In der Zeit um 1730 setzte sich die Erkenntnis durch, dass sich Elektrizität entlang von metallischen Leitern fortpflanzt. Um 1833 entstanden erste einfache drahtgebundene elektrische Telegrafen.

1 Morsetelegraf um 1890

Der Amerikaner SAMUEL F.B. MORSE (1791–1872) erfindet den nach ihm benannten **Morsetelegrafen** und entwickelt den noch heute benutzten Morsecode, eine Codierung des Alphabets durch Striche und Punkte. Der prinzipielle Aufbau eines Morsetelegrafen beruht auf dem Öffnen und Schließen eines einfachen Stromkreises mittels Taster.

N **4.7** Informiere dich über den Aufbau und die Wirkungsweise eines Morsetelegrafen. Baue mittels der Schülerexperimentiersätze Physik einen eigenen Telegrafen! Als Empfänger eignen sich Glühlampen, Summer oder Kopfhörer.

Die enorme Geschwindigkeit und wesentlich bessere Störungsfreiheit der neuen Übertragungsmethode führten zum rasanten Aufbau von elektrischen Telegrafennetzen, meist entlang von Straßen und Bahnlinien.

i Als **Netz** bezeichnet man eine reale oder abstrakte Struktur, welche verschiedenste Stränge über Kontenpunkte verbindet.

Elektrische **Telegrafennetze** verbinden per Kabel und übertragen Nachrichten schnell und weitgehend störungsfrei.

Die Erfindung des Telefons 1876 und der damit verbundenen elektrischen Übertragung von Sprache trieb diese Entwicklung weiter voran. Die Vorläufer unserer heutigen **Telefonnetze** waren geboren, etwa zeitgleich mit dem **Stromnetz.** 1886 läutete der deutsche Physiker HEINRICH HERTZ (1857–1894) das Zeitalter der drahtlosen Nachrichtenübertragung ein. Ihm gelang der Nachweis elektromagnetischer Wellen (Radiowellen).

2 Der italienische Physiker, Elektroingenieur und Nobelpreisträger GUGLIELMO MARCONI (1874–1937) gilt als Pionier der drahtlosen Kommunikation; hier an der Funkstation auf seiner Jacht „Elettra".

Drahtlose **Funknetze** übertragen Nachrichten mit elektromagnetischen Wellen schnell und kostengünstig.

Drahtlose Funknetze, unterteilt in viele Teilnetze, wie das Rundfunknetz, Mobilfunknetz und Seefunknetz, entstanden. Mit der in der Mitte des 20. Jh.s einsetzenden Entwicklung der digitalen Rechentechnik bildete sich ein neues Netz aus, das Computernetz, welches oft auch als Rechnernetz oder digitales Informationsnetz bezeichnet wird.

i **Digital,** lat. digitus – „der Finger" – steht für Zählen, auf Zahlen beruhend und rührt wahrscheinlich daher, dass die Menschen in früheren Zeiten mit den Fingern gezählt haben.

Computernetze verbinden elektronische Systeme zum Zwecke der Kommunikation. Dabei werden Daten ausgetauscht bzw. gemeinsam benutzt.

4.2 Netzwerke verbinden

Moderne Kommunikation in Rechnernetzen bedient sich heute der Übertragungskanäle Funkwellen, Lichtwellen oder elektrischer Strom, realisiert durch drahtlose oder drahtgebundene Übertragungstechnik. Der Größe nach werden Rechnernetze in **PAN, LAN, MAN, WAN** und **GAN** eingeteilt. Die Buchstaben A und N stehen als Abkürzung für **Area Network** und der Anfangsbuchstabe für die Größe des Netzwerks. **P**ersonal kennzeichnet die unmittelbare Umgebung eines Computers zum Anschluss von Kleingeräten, wie Handys oder Tastaturen (↗ Bild 1). Das **L**ocal **A**rea **N**etwork erschließt ein räumlich kleines Gebiet von der Größe eines Hauses. **M**etropolitan **A**rea **N**etworks sind in Glasfasertechnik realisiert und verbinden wichtige Zentren von Großstädten. MANs wiederum werden durch **W**ide **A**rea **N**etworks national oder sogar auf internationaler Ebene durch **G**lobal **A**rea **N**etworks vernetzt. Weltweite GAN-Netze nutzen heute Übertragungen per Satellit.
In allen Rechnernetzen gibt es die Möglichkeit der drahtlosen oder drahtgebundenen Übertragung. In den Varianten **WPAN, WLAN** und **WWAN** steht der Anfangsbuchstabe für den Begriff **Wireless** – drahtloses oder kabelloses Funknetzwerk (↗ Bild 2).

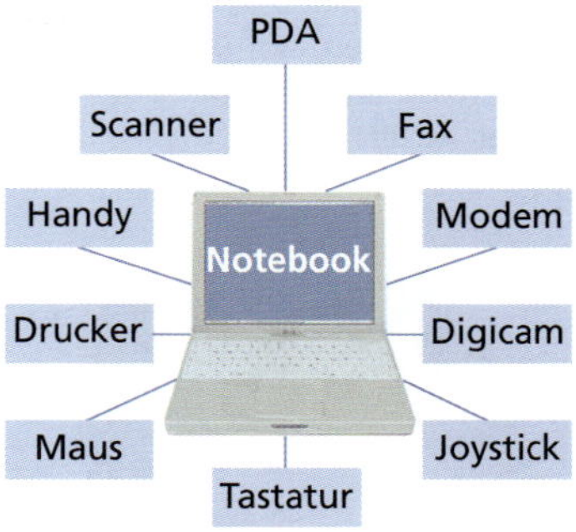

1 Mögliche Geräte in einem PAN

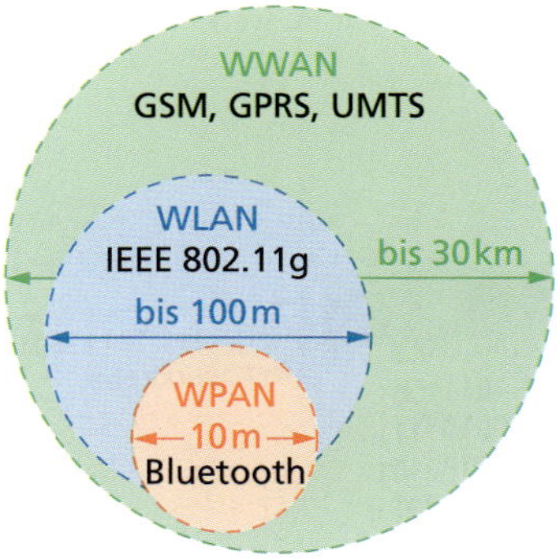

2 Wireless-Netze und Standards

A 4.8 Bei deinem Handy, Taschenrechner, Computer o.Ä. stößt du immer wieder auf verschiedenste Fachbegriffe. Informiere dich über folgende Anschlussstandards in einem PAN bzw. WPAN: PS2, COM, LPT, IrDA, USB, FireWire und Bluetooth! Nutze dafür Sekundärquellen, wie Lexika und Internet. Erstelle eine kleine, strukturierte Übersicht!

Um in einem Rechnernetz mitarbeiten zu können, benötigst du eine geeignete **Schnittstelle** (engl. interface). In einem LAN ist das die **Netzwerkkarte** (↗ S. 134, Bild 1 und 2) bzw. für die Kommunikation über das Telefonnetz das **Modem.** Über beide werden die computerseitig **parallelen** Daten, also gleichzeitig anliegenden Bits, als netzseitig **serieller** Datenstrom versendet bzw. empfangen.
Modems (**Mo**dulator/**Dem**odulator) wandeln digitale Daten, Bitfolgen der Computer in analoge Signale und umgekehrt um (↗ Bild 3). Auch die Anschlussgeräte für **ISDN** und **DSL** werden als Modem bezeichnet. Während ISDN digital arbeitet, nutzt DSL eine Mischform, welche die Bitinformationen auf bis zu 255 verschiedene Trägerfrequenzen codiert und parallel überträgt. Für die serielle Übertragung zwischen Computern reichen theo-

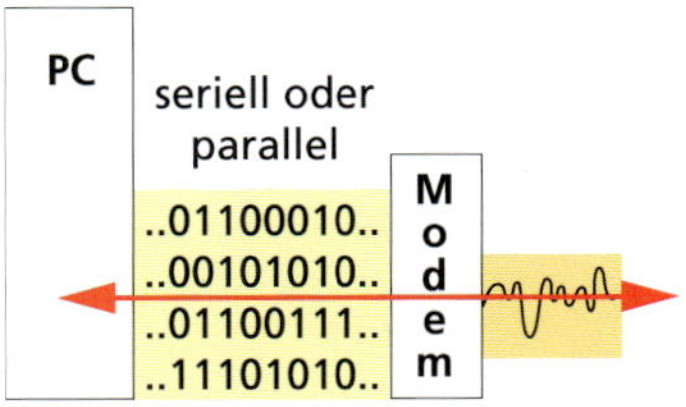

3 Analoges Modemprinzip

i **ISDN** (**I**ntegrated **S**ervices **D**igital **N**etwork, Integriertes Sprach- und Datennetz) bezeichnet einen internationalen Standard für ein digitales Telekommunikationsnetz.

DSL (**D**igital **S**ubscriber **L**ine, Digitale Teilnehmeranschlussleitung) bezeichnet verschiedene Techniken, um über das Telefonnetz Daten mit hoher Geschwindigkeit zu übertragen.

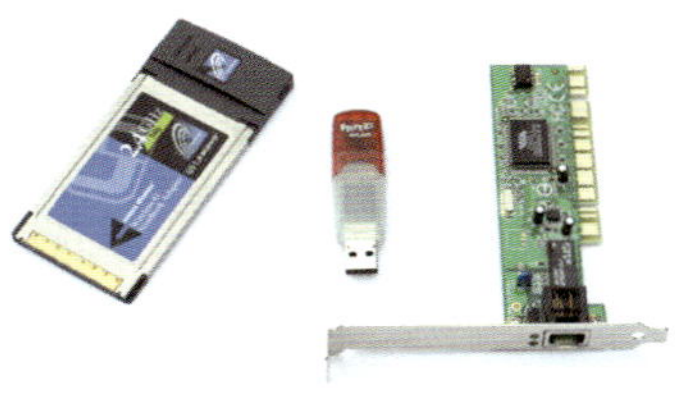

1 Verschiedene Netzwerkkarten: PCMCIA wireless für Notebook (li.), USB wireless (mi.), PCI-Erweiterungskarte für PC (re.)

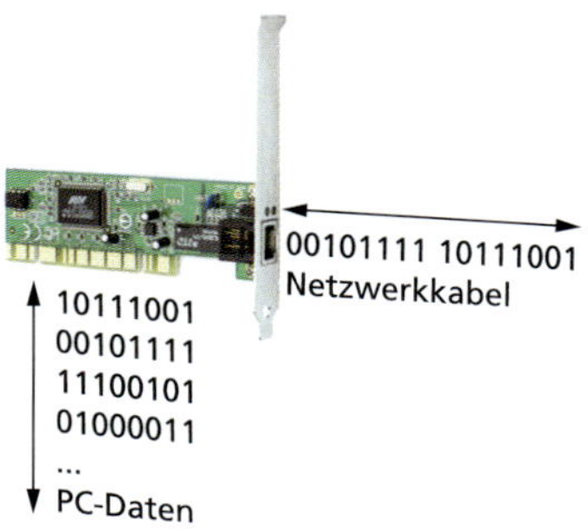

2 Datenstrom einer Netzwerkkarte

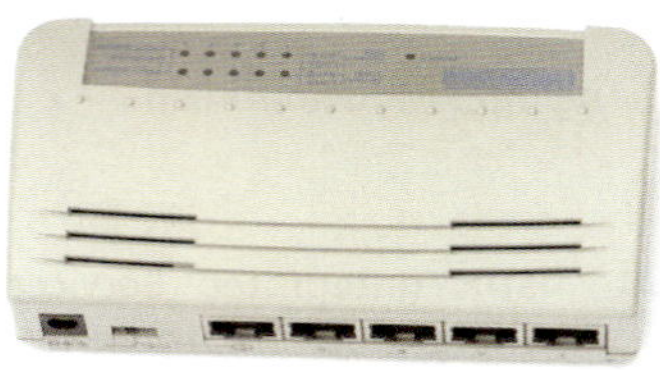

3 Switch für den Heimbereich

retisch zwei Adern in einem Kabel aus. Dein grafikfähiger Taschenrechner benutzt beispielsweise drei Adern zur Verbindung mit einem anderen GTR. Im Zuge ständiger technischer Verbesserungen wurden aus den zwei Adern vier und heute acht, das sogenannte Twisted-Pair-Kabel (↗ S. 135, Bild 1), bei dem je zwei Adern (ein Paar) miteinander verdrillt sind. Twisted-Pair-Kabel gestatten die Übertragung im **Duplex**-Betrieb, d.h., es kann von beiden Teilnehmern gleichzeitig gesendet und empfangen werden (bidirektional). Zweiadrige Leitungen arbeiten im **Halbduplex**-Betrieb. Sender und Empfänger nutzen den gleichen Übertragungskanal, können also nicht gleichzeitig senden und empfangen. Der **Simplex**-Betrieb (unidirektional) erfolgt generell nur in eine mögliche Richtung. Typische Beispiele sind Radio, Fernsehen oder der SMS-Empfang.

Auch in **Wireless-Netzen** werden die Daten seriell übertragen. Der Betrieb findet im Halbduplex statt, denn gleichzeitiges Senden und Empfangen ist mit einer Funkfrequenz nicht möglich.

A 4.9 Zeichne den Sitzplan eines drahtgebundenen Computerkabinettes deiner Schule bzw. lass dir den Sitzplan von deinem Lehrer geben! Überlege nun, wie die Computer miteinander per Kabel verbunden sein könnten. Zeichne deine Vermutungen mittels Linien zwischen den Arbeitsplätzen ein. Vergleiche deine Idee mit denen deiner Mitschüler!

Wie du an der Aufgabe sicherlich festgestellt hast, gibt es vielfältigste Möglichkeiten, die Computer zu verbinden.

Topologie kennzeichnet die Struktur der Verbindungen von Geräten in einem Rechnernetz.

Heute unterscheiden wir die drahtgebundenen Topologien Stern, Ring, Bus, Baum und Vermaschtes Netz sowie die Zell-Topologie in Wireless-Netzen.

Bei Netzen in **Stern-Topologie** sind alle Teilnehmer an einen zentralen Punkt angeschlossen, welcher heute meist ein **Switch** (engl. Weiche, Schalter) ist. Der Switch ermöglicht die Verbindung zwischen allen angeschlossenen Computern (↗ Bild 3). Er arbeitet als Verteiler, kann Übertragungsgeschwindigkeiten durch Zwischenspeichern von Daten ausgleichen, gleichzeitig senden und empfangen und nach dem Relaisprinzip als **Repeater** (engl. Überträger, Verstärker) die Signale verstärken. Die hohe Ausfallsicherheit und Übertragungsgeschwindigkeit führten zu einer weiten Verbreitung der Stern-Topologie. Auch unser Festnetz-Telefon arbeitet nach diesem Prinzip.

Die **Ring-Topologie** verbindet je zwei Computer miteinander, sodass ein geschlossener Ring entsteht. Da jeder Computer als Repeater arbeiten kann, könnten große Entfernungen überbrückt werden. Leider bricht beim Ausfall eines Rechners der gesamte Ring zusammen. Neuere Netzwerkkarten können diesen Mangel beseitigen.

Eine **Bus-Topologie** liegt vor, wenn alle Computer über ein Hauptkabel angeschlossen sind. Infolge der geringen Übertragungsgeschwindigkeit, der Störanfälligkeit und da immer nur eine Station senden kann, besitzt sie keine nennenswerte Bedeutung mehr.

Die **Baum-Topologie** verbindet strukturiert mehrere Netze der Stern-Topologie und gestattet somit die einfache Erweiterbarkeit des Rechnernetzes.

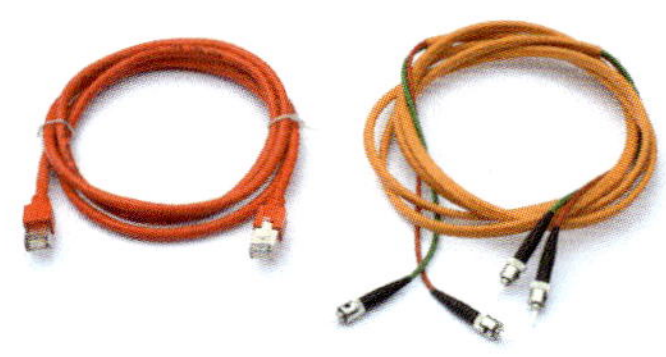

1 Netzwerkkabel: Twisted Pair (li.), Lichtwellenleiter (re.)

A 4.10 Informiere dich über die tatsächliche Topologie eures Computerkabinetts! Vergleiche mit deiner Vermutung aus Aufgabe A 4.9. Korrigiere ggf. deine Skizze mit einer anderen Farbe!

A 4.11 Welche Topologien von Netzwerken kannst du in der Abbildung 2 erkennen? Was ist im Bild noch unklar?

2 Übersicht eines komplexen LANs mit mehreren Teilnetzen, wie es in einer mittelständischen Firma historisch gewachsen sein könnte (R= Router, G= Gateway, M= Modem, AP= Access Point).

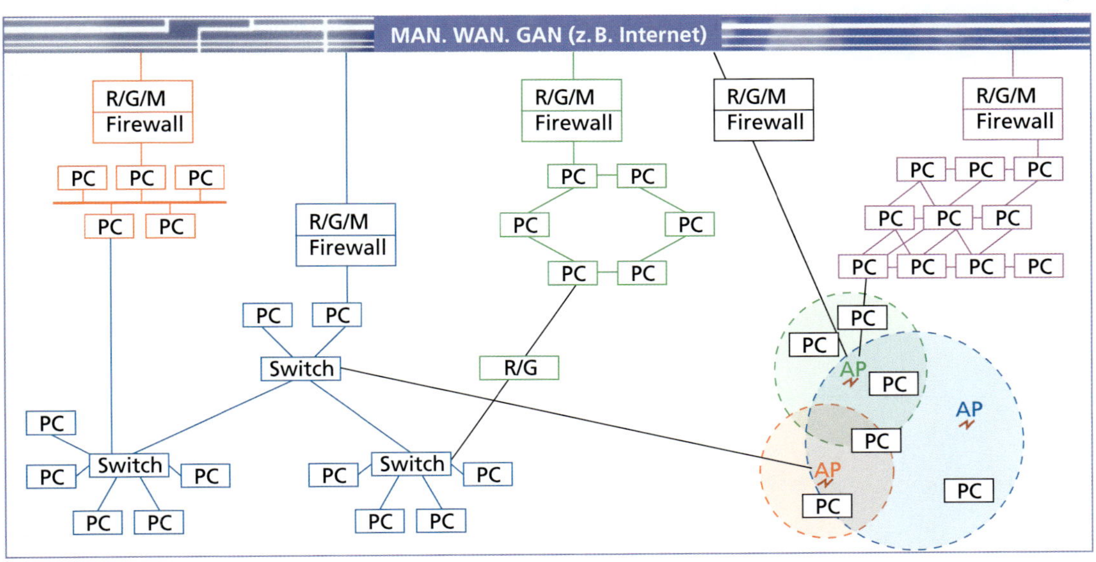

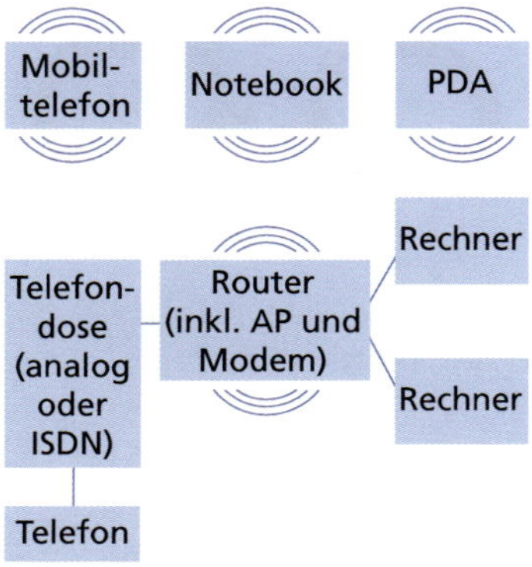

1 Typisches LAN/WLAN im Privathaushalt

2 DSL-Modem mit integrierten Telefonfunktionen, Access Point, Router und Firewall

In der Verkabelung besonders aufwendig, aber höchst ausfallsicher ist die **vermaschte Topologie.** Hierbei wird jeder Computer mit einem oder mehreren anderen Computern verbunden. Ein vollständig vermaschtes Netz liegt vor, wenn jeder Rechner mit jedem verbunden ist.

Die **Zell-Topologie** verbindet in Wireless-Netzen die Netzwerkteilnehmer kabellos. Eine Zelle ist hierbei der maximale Sende- und Empfangsbereich um eine zentrale Funkbasisstation, dem **Wireless Access Point** (engl. drahtloser Verbindungspunkt). Access Points, in der Abbildung mit AP bezeichnet, besitzen in der Regel zusätzliche drahtgebundene Anschlüsse für die Integration in ein LAN. Sie können aber auch drahtlos miteinander kommunizieren und als Repeater die Reichweite von Funknetzen erweitern. Wie weit ein Funknetz erreichbar ist, hängt von der Umgebung ab. Hindernisse, wie Bäume, metallische Gegenstände, Wände und Decken verkürzen die Reichweite stark.

Lokale Wireless-Netzwerke unterscheiden zwei Betriebsmodi, den **Ad-hoc-Modus** (lat. Wortsinn: „zu diesem Zweck“) und den **Infrastruktur-Modus.** Während im Infrastruktur-Modus grundsätzlich ein zentraler Knotenpunkt (Access Point) notwendig ist, kann im Ad-hoc-Modus jeder Endpunkt mit jedem gleichberechtigt kommunizieren. Typische Endpunkte sind z. B. Notebooks, PDAs und PCs (↗ Bild 1).

Entsprechend der Übersicht kann ein Switch, ein Router (engl. Vermittlungsknoten) oder ein **Gateway** (engl. Einfahrt, Ausfahrt, Tor) die Verbindung von Rechnernetzen übernehmen.

Router verbinden kompatible und Gateways inkompatible Netzwerke oder Teilnetze. Was kompatibel und inkompatibel ist, lernst du im nächsten Kapitel. Geschützt werden die Computer im LAN durch die **Firewall.** Eine Firewall überwacht den Datenverkehr zwischen den Netzen, blockiert unerwünschte Aktivitäten und lässt erlaubte Aktivitäten passieren. Gateway, Router und Firewall stellen je ein System aus Hard- und Softwarekomponenten dar und können durch einen Computer oder eigenständige Geräte (↗ Bild 2) realisiert werden.

A 4.12 Erforsche mit deiner Klasse/Profilgruppe das Computernetz deiner Schule. Ermittelt dazu die Standorte wichtiger Netzwerkkomponenten (z. B. zentrale Computer, Switches, APs, Drucker, etc.)! Mithilfe von wirelessfähigen Notebooks könnt ihr die Reichweite von Access Points feststellen. Dokumentiert eure Ergebnisse in einem Netzplan! Geeignete Formen des Netzplanes könnten eine Anschauungstafel, ein Plakat oder ein Grundriss sein.

4.3 Dienste und Protokolle in Netzwerken

Wie jedes komplexe System benötigt auch ein Rechnernetz für ein einwandfreies Funktionieren Grundsätze. Damit du in deiner Schule und Klasse ungestört lernen und arbeiten kannst, gibt es Richtlinien und Regeln, an die sich alle halten müssen, wie das Schulgesetz und die Schulordnung deines Bundeslandes, die Hausordnung deiner Schule oder die Verhaltensregeln für den Unterricht. Verstößt jemand dagegen, kommt es zu Störungen im Ablauf. In einem Rechnernetz ist das ähnlich. So wie du Angebote deiner Schule wahrnehmen kannst, kann ein Computer Dienste in einem Netzwerk in Anspruch nehmen. Die Regeln, an die sich ein Computer halten muss, heißen **Protokolle.**

1 Eine Feuerwehrübung stört den Schulablauf.

> Ein Netzwerkdienst, kurz **Dienst,** ist ein spezielles Kommunikationsangebot eines Computerprogramms, welches den Anwendern im Netzwerk bereitgestellt wird.

Zu den bekanntesten Diensten zählen **Datei- und Druckdienste.** Dateidienste ermöglichen den Zugriff auf bereitgestellten Speicherplatz im Netzwerk und organisieren die zentrale Verwaltung der Daten. Damit stehen benötigte Dateien und Ordner an jedem Computerarbeitsplatz zur Verfügung. Sie können von einem Ort aus viel einfacher gesichert werden. Die **Druckdienste** gestatten die Benutzung von Druckern für mehrere Computer und Benutzer.

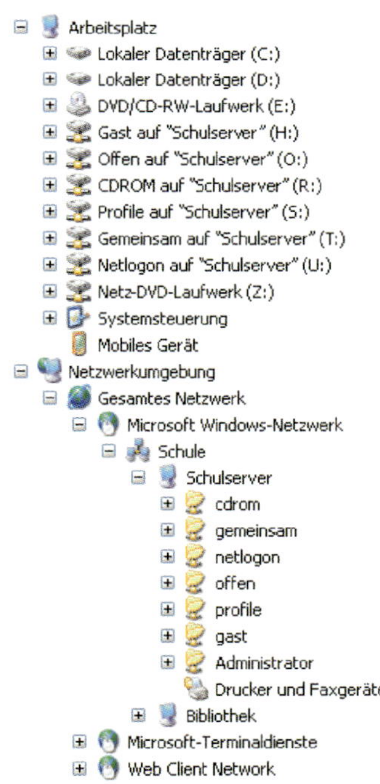

2 Windows-Ordnerbaum mit Netzlaufwerken und Netzwerkumgebung

A **4.13** Ermittle, welche Datei- und Druckdienste das Computernetz deiner Schule anbietet. Erstelle eine Liste wichtiger Netzlaufwerke, Ordner und Drucker! Öffne ein Werkzeug zur Dateiverwaltung und nutze verschiedene Datei- und Druckdienste. Beachte die Hinweise deines Lehrers!

Weitere typische Dienste werden meist nach der Art der Verwendung unterschieden, wie Kommunikations-, Informations- und Kooperationsdienste.

A **4.14** Sortiere nachfolgende Dienste in die drei genannten Kategorien ein: Nachrichtendienst, www, Fax, Wetterdienst, Wikipedia, News, Netzwerkspiel, Datenbank, SMS, E-Mail, Groupware, ICQ. Dabei sind Mehrfachzuordnungen möglich!

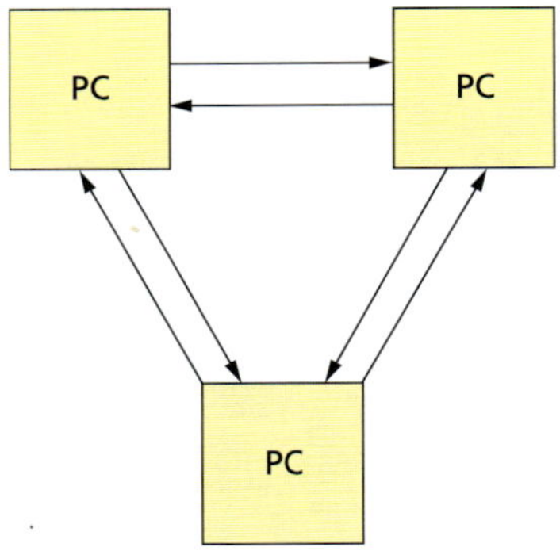

1 Peer-to-Peer (engl. „Gleichgestellter", „Ebenbürtiger") bezeichnet Kommunikation unter Gleichen.

Grundsätzlich kann die Kommunikation in einem Computernetz nach zwei verschiedenen Prinzipien arbeiten, dem Client-Server- oder Peer-to-Peer-Prinzip. Im **Peer-to-Peer**-Betrieb erfolgt die Kommunikation gleichberechtigt. Jeder Computer im Netz kann Dienste eines anderen in Anspruch nehmen und selbst Aufgaben im Netz erfüllen, also Dienste anbieten.

Beim **Client-Server-Prinzip** kommunizieren die Computer hierarchisch. Der Server (engl. „Diener", „Zusteller") bietet Dienste im Netz an und wartet auf die Kontaktaufnahme durch einen Client (engl. „Auftraggeber", „Kunde"). Angeforderte Dienste oder Anfragen vom Client werden durch den Server auf Softwareebene bereitgestellt bzw. beantwortet.

> Ein **Server** ist ein Programm, welches einen Dienst im Netzwerk bereitstellt. Computer mit zentralen Aufgaben im Netz werden ebenfalls als Server bezeichnet.
> Ein **Client** ist eine Anwendung, welche den Dienst eines Servers im Netzwerk in Anspruch nimmt. Auch Computer mit überwiegend Anwenderaufgaben werden Client genannt.

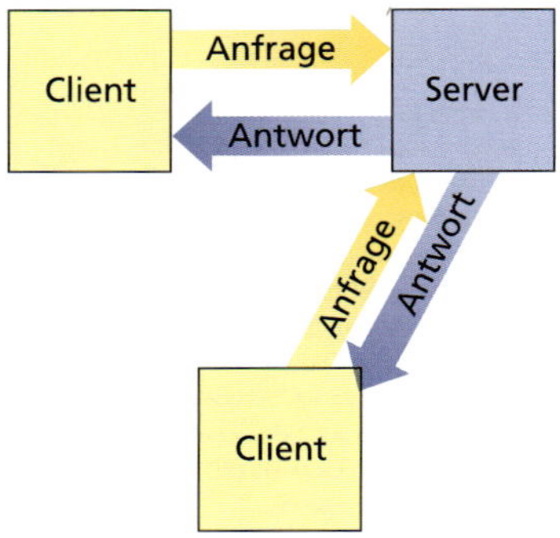

2 Client-Server-Prinzip bezeichnet die Kommunikation zwischen Diener und Kunde.

Moderne Betriebssysteme stellen dem Nutzer sowohl Server, als auch Clientsoftware zur Verfügung. Werden die Serveraufgaben im Rechnernetz an verschiedene Computer vergeben, so sprechen wir von einem **verteilten System.** Diese Systeme sind effizienter und nutzen die sonst brachliegenden Ressourcen der Computer wesentlich effektiver.

Ein typisches verteiltes System ist das **Internet.** Wie jedes andere Computernetz auch, bietet das Internet dir eine Reihe von Diensten an, wobei www (Webdienst), e-mail und ftp (Datei-Transport-Dienst) nur die bekanntesten sind. Die Programme der Dienstanbieter heißen entsprechend: Webserver, Mailserver, ftp-server und als Clientsoftware nutzt du für die Dienste einen Browser, Mail- bzw. ftp-Client.

Typische Clients:
Web: Internet Explorer, Mozilla Firefox, Opera
E-Mail: Outlook Express, Mozilla Thunderbird, Eudora, KMail
Ftp: Browser, Windows-Explorer, Secure Copy (SCP), FileZilla, KBear

A 4.15 Informiere dich über weitere Dienste des Internets und erstelle eine tabellarische Übersicht mit dem Namen des Dienstes, den Clientprogrammen und kurzer Erläuterung!

Wie funktionieren diese Dienste? Als Benutzer des Webdienstes forderst du z. B. mit deinem Browser per URL eine Datei an. Die URL identifiziert eindeutig einen Computer im Internet, der diese Datei bereithält. Der Webserver dieses Computers beantwortet die Anfrage deines Browsers und liefert die verlangte Datei. Sollte die angeforderte Datei nicht vorhanden sein, sendet der Webserver eine Fehlermeldung.

URL: Uniform **R**esource **L**ocator, (engl. „einheitlicher Ortsangeber für Ressourcen") gibt den Ort einer Ressource im Netzwerk an

http://humboldt-gymnasium-radeberg.de/schulintern/faecher/geografie/index.html

Protokoll – Domainname – Ordner des Webservers – Datei

1 Aufbau einer URL

(schulserver.)schulnetz.humboldt-gymnasium-radeberg.de

(Computername.)sub-domain.second-level-domain.top-level-domain

2 Aufbau von Domainnamen

Das Betriebssystem deines Computers bietet die Möglichkeit zur Einsicht und Bearbeitung aller Dienste. Da es sich hierbei um sensible und sicherheitsrelevante Programmteile handelt, darf natürlich nicht jeder Benutzer Veränderungen vornehmen. Diese Aufgabe obliegt dem **Administrator** (Verwalter) des Betriebssystems. Unter Linux heißt der Verwalter **root.**

Administrator (lat. administrare: „verwalten") ist im Allgemeinen ein Verwalter und Betreuer.
In Computersystemen oder Netzwerken handelt es sich um einen mit besonderen Rechten ausgestatteten Benutzer, welcher Software installiert, Rechte der Benutzer einstellt und alle Arbeiten zur Pflege des Systems wahrnimmt.

Für die Realisierung von Netzwerkdiensten sind Regeln notwendig. Diese heißen Netzwerkprotokolle und beschreiben die Codierung der Daten und den Ablauf ihrer Übertragung. Die Protokolle sind notwendig, damit Produkte verschiedener Hard- und Softwarehersteller miteinander kommunizieren können. Sie stellen einen Standard für die Netzwerkkommunikation dar.

Als **Protokoll** bezeichnet man ein System von Regeln, die den Vorgang der Informationsübertragung exakt beschreiben. Jeder Dienst hat seine eigenen Regeln/Protokolle.

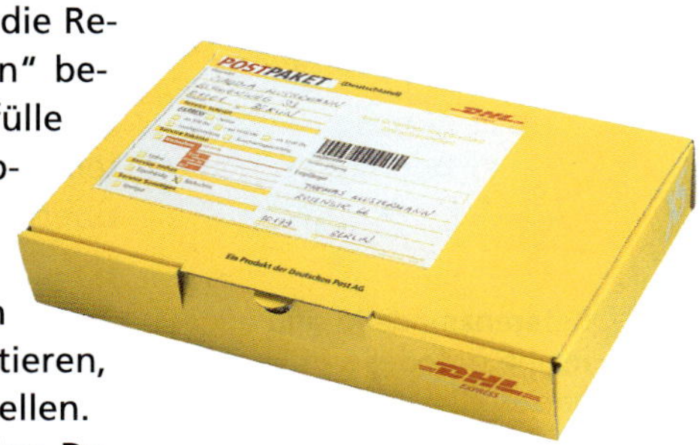

Am Beispiel des Versendens eines Paketes kannst du dir die Regeln veranschaulichen. Dein Protokoll „Paket_Versenden" beschreibt wie folgt die Regeln: nimm einen Pappkarton, fülle den Karton mit Inhalt (den Daten), beschrifte ihn mit Empfänger und Absender, klebe ausreichend Briefmarken auf und bringe das Paket zum Postamt. Die Post benutzt ein weiteres Protokoll „Paket_Transportieren" mit den Regeln: Pakete nach Postleitzahlen der Empfänger sortieren, Transportwege festlegen, ..., Paket durch Postboten zustellen.
Netzwerkprotokolle bezeichnen die zu transportierenden Daten (Nutzinhalt) ebenfalls als Pakete und benötigen auch einen

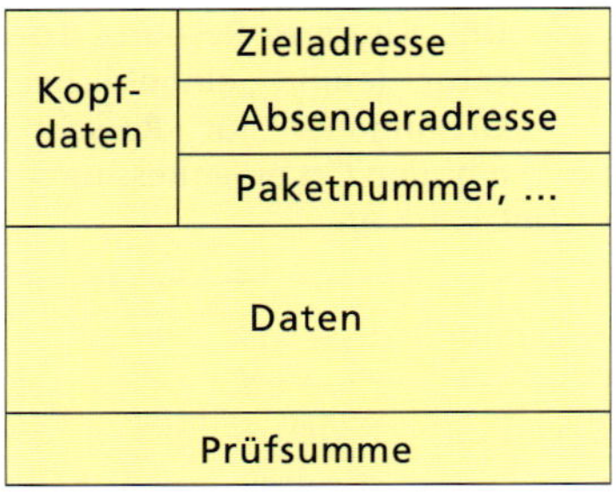

1 Allgemeine Bestandteile von Paketen eines Netzwerkprotokolls

Empfänger und einen Absender. Zusätzlich beschreiben die Protokolle noch die Größe der Daten, genannt Paketlänge, und besitzen eine Paketprüfsumme. Weiterhin unterscheiden die Protokolle drei Pakettypen: Verbindungsaufbau, Verbindungsabbau und Nutzdaten.

A 4.16 Begründe die Notwendigkeit der Bestandteile und Pakettypen des Netzwerkprotokolls!

Damit nicht jedes Protokoll eines beliebigen Dienstes alle Aufgaben erfüllen muss, wie Transportwege suchen oder Netzwerkkarte konfigurieren, sind die Protokolle in logischen Schichten organisiert. Jede Schicht erledigt genau festgelegte Arbeiten. Sie nutzt die Dienste der darunterliegenden Schicht und bietet der darüberliegenden Schicht ihre Dienste an.
Die Tabelle zeigt ein vereinfachtes **Schichtenmodell** der Netzwerkkommunikation. Die Kommunikation beginnt bei der Software des Benutzers und durchläuft nach unten alle Schichten bis zur Hardware der Netzwerkkarte. Diese übergibt die Daten an das Übertragungsmedium. Beim Empfänger laufen die Daten den umgekehrten Weg nach oben bis zur Anwendersoftware.

Schicht	Einordnung	Protokolle	Einheiten	Geräte	Zuständig
Anwendung	anwendungs-orientiert	HTTP, FTP, SMTP, POP3	Daten		Programme, Betriebssystem
Transport	netzwerk-orientiert	TCP, UDP, IP, IPX	Segmente Pakete	Router	Teibersoftware
Übertragung	hardware-orientiert	Ethernet, Token Ring	Frames Bits	Switch Repeater	Hardware

2 Vereinfachtes Schichtenmodell

Erste Entwicklungen der Verbindung von Computern führten zu vielen inkompatiblen Firmenstandards der Datenkommunikation. Um die entstandenen Probleme zu lösen, entwickelte die ISO Ende der 1970er- und Anfang der 1980er-Jahre einen neuen Standard – das OSI-Referenzmodell (Open Systems Interconnection Reference Model) ISO 7498-1. Es führte dazu die Aufgabenteilung in Schichten und die Unabhängigkeit von Hersteller und Übertragungsmedium ein.

i **ISO:** International Organisation for Standardization

i **Referenzmodelle** sind allgemeine Modelle für eine ganze Klasse von Sachverhalten. Sie dienen als Muster für die Ableitung spezieller Modelle.

A 4.17 Suche in Sekundärquellen nach einer grafischen Übersicht des OSI-Referenzmodells. Vergleiche dieses mit dem abgebildeten vereinfachten Schichtenmodell!

Protokoll	Bedeutung/Einsatz
HTTP	Das **H**yper**t**ext **T**ransfer **P**rotocol dient dem Laden von Webseiten und anderen Daten aus dem World Wide Web (www) in einen Webbrowser.
FTP	Das **F**ile **T**ransfer **P**rotocol überträgt Dateien in TCP/IP-Netzwerken, wie dem Internet.
SMTP	**S**imple **M**ail **T**ransfer **P**rotocol regelt den Versand von E-Mails in Computer-Netzwerken.
POP3	**P**ost **O**ffice **P**rotocol Version **3** ist ein Übertragungsprotokoll, über welches ein Client E-Mails von einem E-Mail-Server abholen kann.
DNS	Das **D**omain **N**ame **S**ystem ist eine Datenbank, welche den Namensraum im Internet verwaltet. Es ist vergleichbar mit dem Telefonbuch des Internets und ermittelt die IP-Adressen von Domainnamen.
TCP	**T**ransmission **C**ontrol **P**rotocol reguliert die Art und Weise des Datenaustausches zwischen Computern.
IP	Das **I**nternet **P**rotocol ist ein weit verbreitetes Protokoll, welches die Adressierung und den Transport der Datenpakete über mehrere Netze zu einem Empfänger übernimmt.
DHCP	Das **D**ynamic **H**ost **C**onfiguration **P**rotocol ermöglicht durch einen Server die dynamische Zuweisung einer IP-Adresse und weiterer Parameter an Computer in einem Netzwerk.

Einer der ersten und verbreitetsten Dienste des Internets ist die „electronic mail“, kurz **E-Mail.** Für die Benutzung von E-Mail kannst du neben einem Computer mit Internetzugang auch das Telefon oder Handy verwenden. Wie beim Telefon brauchst du auch beim Computer einen Provider, welcher dir eine Mailadresse und ein Postfach stellt. Bei diesem handelt es sich um einen elektronischen Speicher, der je nach Provider unterschiedlich groß sein kann. Als Benutzerschnittstelle verwendest du einen Mail-Client. Der wiederum entscheidet, welche Protokolle für den Mailaustausch verwendet werden.

Provider, lat. providere – „voraussehen“, „versorgen“ ist ein Lieferant oder Versorger. Internet Service Provider (ISP) bieten gegen Bezahlung Internetdienste an.

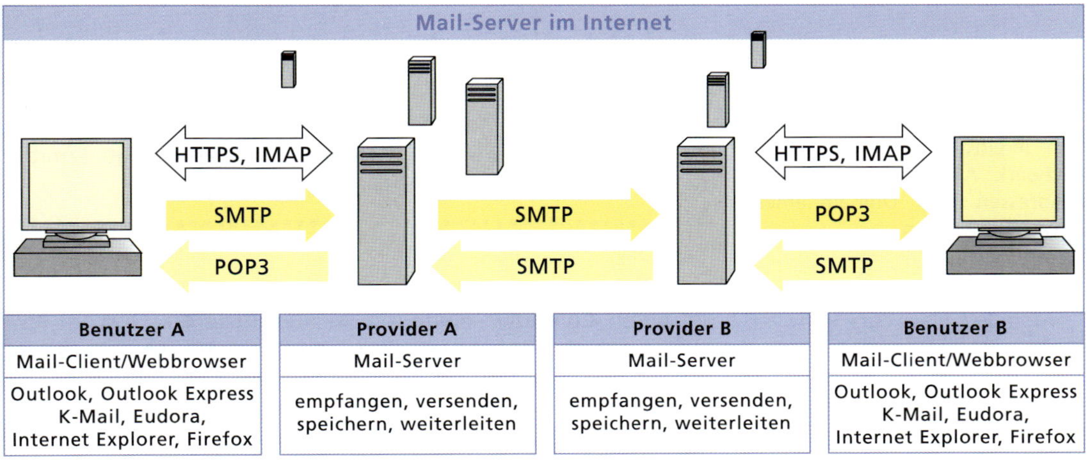

Allgemeiner Aufbau einer Mailadresse:

alias@domainname
gast@hgr-web.de

IMAP (internet **m**essage **ac**cess **p**rotocol) weiteres Protokoll für den Zugriff und die Verwaltung von empfangenen E-Mails

HTTPS (**h**yper**t**ext **t**ransfer **p**rotocol **s**ecure) ermöglicht gesicherte Webverbindungen zwischen Rechnern durch Verschlüsselung der Inhalte.

Bei der Verwendung von IMAP und https verbleiben die Mails in der Regel auf dem Mailserver des Providers.

IPv4 (**I**nternet **P**rotokoll **V**ersion **4**) war die erste weltweit eingesetzte Version des IP-Protokolls, welche die Grundlage des Internets bildet.

Das Kommando **„ping"** dient dem Testen der TCP/IP-Einstellungen in einem Netzwerk. Als Parameter können IP-Adressen und Domainnamen verwendet werden.

Im Standardfall wird die von dir geschriebene Mail durch deinen Mail-Client, z.B. Outlook Express, mittels SMTP-Protokoll an einen Mail-Server versendet. Im Allgemeinen ist dies der Mail-Server deines Providers. Dort angekommen, geht es mit gleichem Protokoll weiter an den Mail-Server des Providers vom Empfänger. Dieser folgt aus dem in der Mailadresse enthaltenen Domainnamen, dem Adressteil hinter dem @-Zeichen. Dieser Mail-Server speichert die Mail im zugehörigen Postfach, welches sich aus dem Alias, dem Teil vor dem @-Zeichen ergibt. Die Abholung der E-Mail vom Empfänger erfolgt mittels POP3-Protokoll.

Viele **Internet Service Provider** bieten die Möglichkeit der Mailnutzung per Webmail an. Dabei handelt es sich um dynamische Webseiten, die als Verbindung zum Provider das Protokoll **HTTPS** verwenden.

A **4.18** Informiere dich über Vor- und Nachteile des E-Mail-Dienstes und diskutiere diese ausgiebig in der Klasse!

Im Schichtenmodell unter den bisher genannten anwendungsorientierten Protokollen arbeiten die Transportprotokolle. Durch das Internet sind die Protokolle **TCP** und **IP** weit verbreitet und werden in vielen LAN's verwendet. Das TCP organisiert und kontrolliert den Datentransport und das IP behandelt die Adressen der Computer. Entsprechend dem IP-Protokoll **IPv4** besteht eine Computeradresse aus je 4 Byte, die durch Punkte getrennt sind, also 32 Bit; z.B. stellt:

11011000.11101111.00100111.01101000
216.239.39.104

die IP-Adresse der Suchmaschine Google dar. Du kannst diese Adresse in dezimaler Schreibweise mit Punkten im Webbrowser eingeben, und es wird die Startseite von Google erscheinen.

N **4.19** Öffne in deinem Betriebssystem eine Konsole und gib das Kommando *>ping wikipedia.de* ein! Es wird dir die IP-Adresse des eingegebenen Domainname angezeigt. Ermittle weitere IP-Adressen von verschiedenen Domainnamen!

Jede IP-Adresse im Netzwerk darf nur einmal vorhanden sein, um einen Computer eindeutig zu identifizieren. Obwohl IPv4 2^{32}= 4 294 967 296 Adressen ermöglicht, herrscht im Internet eine allgemeine Adressknappheit. Grund dafür sind Reservierungen großer Adressbereiche für Nordamerika und Europa sowie für besondere Anwendungen.

Für LANs stehen die Adressbereiche 10.1.x.x und 192.168.x.x jedem zur Verfügung. Das ergibt eine maximale Geräteanzahl im LAN von $2^{16} = 65536$. Mittels einer zusätzlichen Netzmaske ist es möglich, ein LAN in Teilnetze zu zerlegen. Diese Vorgehensweise kann man mit unseren herkömmlichen Adressen vergleichen. So stellt das LAN einen Ortsnamen dar und die Netzmaske zerlegt die IP-Adresse in Straßen und Hausnummern. Genauere Erklärungen zur Netzmaske findest du in der Fachliteratur.

Das **TCP-Protokoll** steuert die eigentliche Kommunikation. Dazu benutzt es die IP-Adressen, stellt Verbindungen mit anderen Computern her, zerlegt die zu sendenden Kommunikationsdaten in handliche Pakete, setzt die Daten ankommender Pakete wieder zusammen, ordnet diese passenden Diensten und Protokollen zu, erstellt Prüfsummen und überwacht die Korrektheit eingehender Datenpakete.

Ports sind Bestandteile von Netzwerkadressen, welche von Protokollen benutzt werden, um Datenpakete den richtigen Diensten zuzuordnen.

Zusätzlich definiert das TCP-Protokoll sogenannte Ports. Das sind 16-Bit-Zahlen, die der IP-Adresse angehängt werden. Die Ports gestatten die Zuordnung der Datenpakete zu den entsprechenden Netzwerkdiensten. Trotz allgemein anerkannter Festlegungen für die Vergabe von Port-Nummern, sind diese nicht bindend. Ein Computer kann gleichzeitig mehrere TCP-Verbindungen aufbauen.

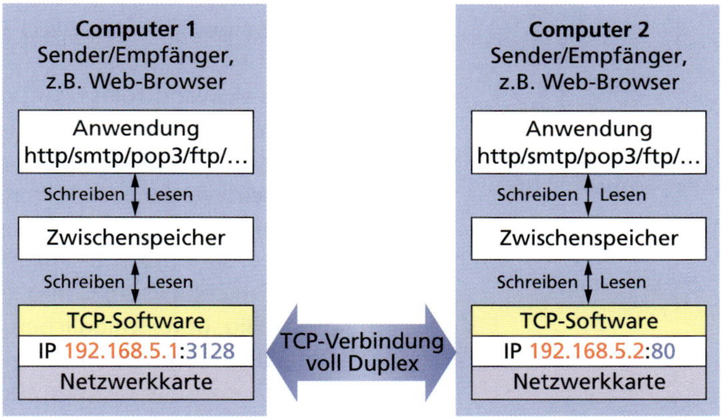

1 Ablauf einer TCP-Verbindung zwischen Web-Browser und Web-Server

Jede **TCP-Verbindung** benötigt zwei Endpunkte, die folgenden Aufbau haben: **IP-Adresse:Port**. Im Beispiel (↗ Bild 1) benutzen Client und Server für die Verbindung unterschiedliche Ports.

N 4.20 Im Text wird von mehreren gleichzeitigen TCP-Verbindungen geschrieben. Wie ist das bei der seriellen Übertragung durch Netzwerkkarten möglich? Löse dieses Problem!

Obwohl TCP und IP die Endpunkte (Sender- und Absenderadresse) eindeutig festlegen, bleibt die Verbindung unabhängig vom Übertragungsmedium. Interessant ist die Tatsache, dass der Transportweg der Pakete nicht festgelegt ist. Jedes Paket sucht und findet entsprechend der Zieladressen im Netzwerk seinen eigenen Weg. Verschiedene Pakete können auch unterschiedliche Wege mit verschiedenen Laufzeiten nehmen. Dabei kann es vor-

Ausgewählte Standardports:

21	Dateitransfer – ftp
22	Shell secure – ssh
25	Mailversand – smtp
53	Namensauflösung – dns
80	Webserver – http
110	E-Mail Abholung – pop3
123	Zeitprotokoll – ntp

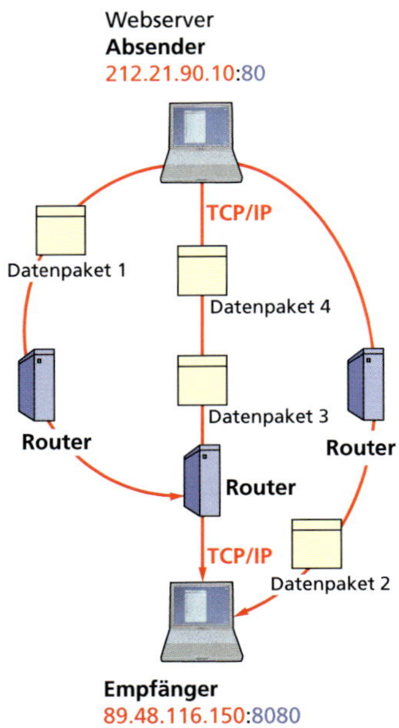

1 Exemplarisches Beispiel eines Paketlaufs im TCP/IP-Netz

kommen, dass Pakete in falscher Reihenfolge beim Empfänger eintreffen. Um das zu korrigieren, ergänzt das TCP-Protokoll die Pakete um eine Nummerierung und sogar um eine Existenzzeit (time to live). Wird diese Zeit durch einen ungünstig gewählten Weg überschritten, wird das Paket von Netzwerkkomponenten zerstört und muss erneut angefordert und gesendet werden. Einzelne Pakete können auch durch Umwelteinflüsse, wie Gewitter oder Stromausfall, beschädigt oder gar zerstört werden. Auch diese müssen neu gesendet werden.

Die IP-Eigenschaften für das Netzwerk muss der Administrator im Betriebssystem für jede Netzwerkkomponente einstellen. Für Netzwerkverbindungen ins Internet wird normalerweise die IP-Adresse vom Provider automatisch bezogen. Im eigenen LAN kann es eine automatische Adressvergabe nur geben, wenn ein DHCP-Server vorhanden ist. In allen anderen Fällen muss die Vergabe der IP-Adresse von Hand erfolgen.

Für ein einwandfreies Funktionieren der Kommunikation sind die zwei Netzwerkkomponenten Router und Gateway von großer Bedeutung. Wie bereits im Abschnitt 4.2 erwähnt, verbinden beide Netzwerke bzw. Teilnetze in einem LAN. Der Router verbindet Netze, welche in der Transportschicht mit den gleichen Protokollen arbeiten, z.B. TCP/IP-Netze. Ein Gateway dagegen kann in allen Schichten zum Einsatz kommen und verbindet Netze, die auf völlig unterschiedlichen Protokollen basieren. Oft werden Gateways eingesetzt, um IPX-basierte Netze in TCP/IP für das Internet umzusetzen. Aber auch bei Umsetzungen, wie E-Mail zu SMS, Fax zu E-Mail und E-Mail zu Sprache, finden Gateways ihre Anwendung.

2 Netzwerkeinstellungen in Suse-Linux und Windows

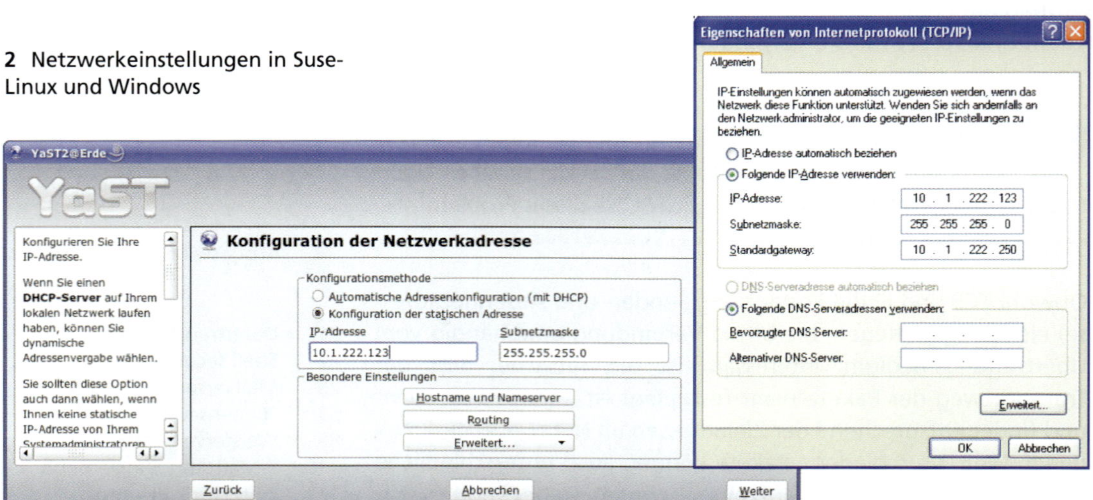

4.4 Datenschutz und Datensicherheit in Netzwerken

In Computernetzen werden große Datenmengen gespeichert. Nachdem du in den vorangegangenen Abschnitten die Arbeitsweise von Netzwerken kennengelernt hast, stellt sich die Frage: Wie sicher sind die in Netzwerken abgelegten Daten?

A 4.21 Diskutiert in Gruppen, welche „Gefahren" für die in einem Netzwerk gespeicherten Daten bestehen. Ordne die Bedrohungen den Kategorien höhere Gewalt, Technik (Hard- und Software) und Mensch zu!

Datenschutz ist die Gesamtheit gesetzlicher Bestimmungen zum Schutz der Rechte von Gemeinschaften und Personen vor dem Missbrauch von in Daten enthaltenen Informationen.

Grundvoraussetzung für die Gewährleistung von Datenschutz ist die Datensicherheit.

Als **Datensicherheit** bezeichnet man alle Maßnahmen zum Schutz eines Informatiksystems und der darauf gespeicherten Daten gegen unberechtigte Einsicht, Manipulation oder Verlust.

Netzwerke stellen komplexe Informatiksysteme dar, auf die viele Nutzer Zugriff haben. Maßnahmen zur Gewährleistung der Datensicherheit werden in die Problembereiche physische, technische, organisatorische und personelle Sicherheit eingeteilt. **Physische Sicherheit** behandelt alle baulichen Maßnahmen, **technische Sicherheit** die Hard- und Softwarekomponenten, **organisatorische Sicherheit** beispielsweise die Überwachung von Ereignissen im Netzwerk und die **personelle Sicherheit** Fragen der Vertrauenswürdigkeit der Benutzer, wobei bewusstes und unbewusstes Fehlverhalten berücksichtigt wird.

A 4.22 Ermittle, welche Maßnahmen deine Schule in den vier Problembereichen getroffen hat!

Neben den Gefahren von innen durch die Nutzer des Netzwerkes kommen noch die von außen hinzu. Besonders der Anschluss an das Internet und Programmierfehler in fast jeder Software machen es nahezu unmöglich, Sicherheit vor jeder Art von Bedrohungen zu erreichen. Eine der wesentlichsten Aufgaben des Netzwerkadministrators ist die Organisation wirksamer Schutzmaßnahmen, sodass der Aufwand für einen Eindringling enorm hoch wird. So komplex wie Computernetze selbst, so vielfältig sind die Bedrohungen gegen sie; z.B. ist es bei Kenntnis der IP-Adresse eines ungeschützten Systems problemlos möglich, sich mit einem der 65 536 Ports zu verbinden und auf alle ungeschützten Daten zuzugreifen. Besonders die Entwicklung bösartiger Programme, die zur **Malware** zählen, verursacht enorme Schäden.

Malware (Kunstwort aus engl. malicious – „böswillig" und Software) – bezeichnet Programme, welche offen oder versteckt schädliche Funktionen ausführen.

A 4.23 Teilt die aufgeführten Begriffe in der Profilgruppe auf, recherchiert im Internet und erstellt einen Kurzvortrag von ca. 3 Minuten Länge! Malware, Adware, Spyware, Spam, Computervirus, Computerwurm, Trojanisches Pferd, Backdoor, Phishing, Pharming, Dialer, Web-Bugs, Keylogger.

Zur Gewährleistung von Datenschutz und Datensicherheit haben sich vier wirksame Maßnahmen bewährt:
- regelmäßige Datensicherung,
- Verschlüsselung sensibler Daten,
- die Authentifizierung der Benutzer,
- der Einsatz von Schutzsoftware.

Die Datensicherung wird als **Backup** bezeichnet und beinhaltet das Erstellen von Kopien wichtiger Daten auf separaten Datenträgern. Wichtigkeit und Menge entscheidet, ob öfter, regelmäßig oder automatisch gesichert werden sollte.
Verschlüsselung kommt sowohl für Dateien auf Datenträgern als auch bei Übertragungen im Netzwerk zum Einsatz. Hierfür gibt es von den meisten Protokollen Sicherheitsvarianten, welche die Regeln der Verschlüsselung beinhalten. Insbesondere der Vorgang der **Authentifizierung** eines Benutzers mittels Benutzernamen und Kennwort benötigt Verschlüsselungsmechanismen. Damit wird sichergestellt, dass es sich um einen berechtigten Benutzer handelt. War die Authentifizierung erfolgreich, folgt die **Autorisierung.** Mit dem Einsatz von spezieller Schutzsoftware lässt sich ein System wirksam absichern. Dazu zählen u.a. Programme für Firewall, IP-Paketfilter, Proxyserver, E-Mailfilter und Antivirensoftware. Besonders zu schützen sind natürlich Wireless-Netzwerke. Infolge der weitgehend freien Ausbreitung von Funkwellen im Raum kann sie jeder empfangen. Auch hier ist eine gute Verschlüsselung oberste Sicherheitspflicht.

Authentifizierung (engl. authentication) bezeichnet den Vorgang der Feststellung der Identität einer Person oder eines Programms anhand eines Berechtigungsnachweises.

Autorisierung bezeichnet den Vorgang der Überprüfung und Zuweisung von Zugriffsrechten auf Daten und Dienste an Systembenutzer.

4.5 Netzwerke beeinflussen unser Leben

Ein Leben ohne Computer ist in der modernen Industriegesellschaft nicht mehr denkbar. Vor allem die Vorzüge der Vernetzung haben die Entwicklung der Rechentechnik vorangetrieben. Während die Industrie vielfältige Netzwerkstrukturen einsetzt, ist im Privatbereich das Internet der dominierende Netzwerkzugang. Durch die steigende Anzahl der PC hat auch in den Privathaushalten ein Prozess der lokalen Vernetzung eingesetzt.

A 4.24 Finde und notiere konkrete Beispiele aus verschiedenen Bereichen unseres Lebens, die diesen Absatz belegen! Vergleiche deine Beispiele mit denen deiner Nachbarn!

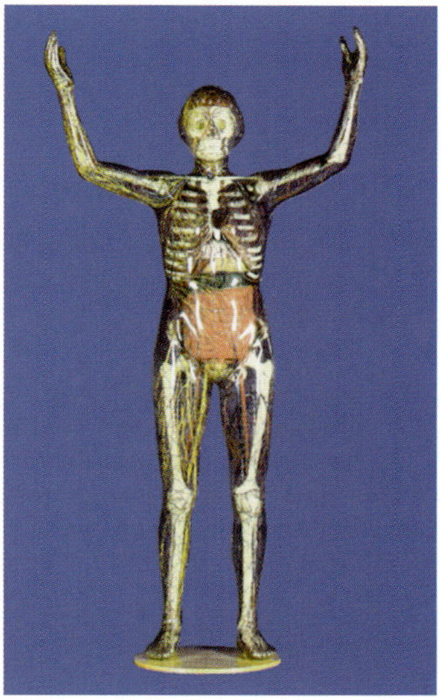

1 Gläserner Mensch

Wie im vorherigen Kapitel bereits angeschnitten, gibt es neben den vielen Vorzügen der Vernetzung leider auch unangenehme Nebenwirkungen. So werden persönliche Daten von Menschen auf vielen Computern gespeichert, die letztlich alle miteinander vernetzt sind. Daher besteht die Gefahr, dass diese Daten unzulässig verwendet und wir zum **„Gläsernen Menschen“** werden.

A 4.25 Interpretiere kurz das Synonym „Gläserner Mensch“! Nenne einige Beispiele, wo persönliche Daten von dir gespeichert sind! Welche dieser Daten sollten unbedingt geheim bleiben?

Doch warum arbeiten die Menschen in Rechner-Netzwerken?

Vorteile von Netzwerken	Nachteile von Netzwerken
– rascher Datenaustausch und Datenweitergabe – zentrale Verwaltung und Sicherung der Daten – gemeinsame Nutzung von Ressourcen und Programmen (Drucker, Internetzugang, ...) – bessere Kontroll- und Überwachungsmöglichkeiten	– Hard- und Softwarekomponenten sind teurer. – erfordern geschultes Personal – Hacker können über Netzwerke schwach geschützte Daten ausspionieren (Datenschutz). – Kriminelle Gruppen nutzen Netzwerke für den Datenaustausch und für Verbrechen. – Malware kann sich leichter verbreiten.

Auch wenn die Tabelle es nicht unmittelbar ausdrückt, so überwiegen die Vorteile die Nachteile deutlich. Insbesondere der rasche Datenaustausch entspricht dem Grundbedürfnis der Menschen nach Kommunikation (↗ vgl. Abschnitt 4.1).

Das Bedürfnis nach Information erfüllt der bereits in Abschnitt 4.3 erwähnte Web-Dienst, welcher speziell für den Privatanwender interessant ist. So ist es heute problemlos möglich, u.a. Bus-, Zug- und Flugpläne einzusehen, den Urlaub zu planen, nach Wissenswertem zu recherchieren, Behördengänge zu erledigen, Übersetzungsprogramme zu befragen, zu chatten, online zu spielen, Musik zu hören und Filme zu sehen.

A 4.26 Bildet Gruppen von drei Schülern und ordnet jedem von euch einen der Begriffe Homeshopping, Homebanking und Online-Auktion zu. Informiert euch über diese Serviceangebote, sucht entsprechende Internetseiten auf und ermittelt deren grundsätzliche Arbeitsweise! Stellt eure Ergebnisse der Gruppe vor und diskutiert diese!

AGB Abk. für die „allgemeinen Geschäftsbedingungen" einer Firma.

FAQ (engl. frequently asked questions) Abk. für häufig gestellte Fragen, welche von Onlineanbietern zusammengefasst zum Nachlesen angeboten werden.

Die Nutzung solcher Angebote setzt voraus, dass der Nutzer geschäftsfähig ist und möglichst über ein eigenes Konto verfügt. Um unangenehme Überraschungen zu vermeiden, wie hohe Versandkosten oder den Ausschluss von Garantieleistungen bzw. Rückgaberechten, empfielt sich das Lesen der **AGB** oder **FAQ,** in denen die wichtigsten Fragen seitens der Anbieter geklärt werden. Die oft professionell gestalteten Webseiten lassen nur selten Rückschlüsse auf deren Seriösität zu.

A 4.27 Welche Maßnahmen ergreifen Onlineanbieter, um das Vertrauen der Kunden zu gewinnen? Ermittle einige Punkte zu deinem Begriff aus Aufgabe A 4.26!

1 Computerspiele – Kinder zwischen Ablenkung, Entspannung und Sucht

Abschließend darf natürlich eine wichtige Tätigkeit der Menschen nicht fehlen, das **Spielen.** Es dient ohne bewussten Zweck einfach der Entspannung und wird aus Freude an der Ausübung, dem Inhalt oder dem Ergebnis ausgeführt. Computer und Netzwerke haben das Spielen entscheidend verändert, speziell durch ihre multimedialen Möglichkeiten. Moderne Spiele verknüpfen Strategie-, Geschicklichkeits- oder Kreativaufgaben mit exzellentem Sound, animierter Grafik und Netzwerkfunktionalitäten. Durch die heutigen technischen Möglichkeiten können im LAN oder Internet Tausende Spieler gleichzeitig agieren. Computer allgemein, das Internet und Computerspiele im Besonderen besitzen ein hohes Suchtpotenzial. Neben sozialer Isolierung führt diese Art der Sucht meist zu gesundheitlichen Schäden, wie Haltungsproblemen und Augenerkrankungen.

Profile

Kunst und Musik im Netz

Heute gehört es längst nicht nur zum guten Ton eines Künstlers, sich auf einer eigenen Website zu präsentieren, sondern es ist notwendig, um Erfolg zu haben; schließlich will man seinen Fans etwas bieten.

K **4.1** Suche im Internet die Webseite deines Lieblingskünstlers auf. Analysiere diese hinsichtlich Inhalt, Gestaltung und Werbung! Leite aus deiner Analyse einige wesentliche Ziele des Webauftritts ab. Notiere drei Ziele mit wenigen Worten auf je eine Moderationskarte! Einigt euch zu zweit auf drei gemeinsame Karten! Erstellt aus den Karten aller Partner der Profilgruppe eine strukturierte Übersicht an der Tafel!

i Der Begriff Tauschbörse ist eigentlich irreführend und würde mit „kopieren" und „vervielfältigen" eher zutreffen.

Sicherlich haben die meisten Schüler deiner Profilgruppe einen Musikkünstler (Popstar) gewählt. Jeder echte Fan ist bestrebt, die Songs seiner Idole zu besitzen. Auch hierfür werden verstärkt Rechnernetze benutzt. So entstanden Ende der 90er-Jahre internetbasierte Dateitauschbörsen (File Sharing). Da Musikdateien getauscht wurden, entwickelte sich umgangssprachlich der Begriff **Musiktauschbörse.** Diese bieten die Möglichkeit, Dateien über das Internet anzubieten und angebotene Dateien kostenlos herunterzuladen.

K **4.2** Stell dir vor, deine Schule organisiert einen regionalen Fotowettbewerb „Meine Heimat". Hunderte von Schülern beteiligen sich daran. Für die Erstellung eines eigenen Bildbandes sollen die Teilnehmer ihre Fotos austauschen können. Wähle für die Organisation einer Tauschbörse, entsprechend Abschnitt 4.3, ein geeignetes Prinzip, benötigte Protokolle und Programme! Beschreibe und begründe die Arbeitsweise deiner Tauschbörse. Diskutiert die Lösungsvorschläge in der Profilgruppe!

i Die **Arbeitsweise des direkten Kopierens** von Dateien zwischen unbekannten Computern ist höchst risikoreich und erhöht die Gefahr der Infektion mit Malware dramatisch.

Prinzipiell arbeiten heutige Tauschbörsen weitgehend nach dem gleichen Prinzip, dem dezentralen Peer-to-Peer-Netzwerk. Die Programme der Teilnehmer enthalten gleichzeitig Client und Server. Speziell entwickelte Protokolle suchen über das Internet die gewünschte Datei und ermitteln die IP-Nummer eines Anbietercomputers. Anschließend verbinden sich beide Computer direkt über die IP-Nummern und die Datei wird kopiert.

In den meisten Tauschbörsen gibt es keine Inhaltskontrollen, sodass auch urheberrechtlich geschützte Werke massenhaft kopiert werden. Solche Dateien werden zu Recht als **Raubkopie** bezeichnet.

K 4.3 Nicht alles, was Tauschbörsen ermöglichen, ist illegal. Ermittle mithilfe des Internets, was erlaubt und was nicht erlaubt ist! Erweitere deine Notizen mit legalen Möglichkeiten des Musikdownloads bzw. recherchiere diese! Interpretiere nebenstehende Abbildung!

Was legal oder illegal ist, legt das Urheberrechtsgesetz fest.

K 4.4 Finde Antworten auf folgende Fragen: Was ist ein Urheber? Was ist der Sinn des Urheberrechts? Auf welche Dinge wird das Urheberrecht angewandt?

Zu deinem künstlerischen Profil gehört die Gestaltung einer Website, in der neben Text und Tabellen auch besondere Objekte, wie Grafik, Audio und Video, vorkommen sollen.

K 4.5 Prüfe vorab, welche urheberrechtlichen Aspekte du für eine Website beachten musst. Erstelle analog zur Aufgabe K 4.3 eine Schnellübersicht über das, was erlaubt und was nicht erlaubt ist!

Neben den rechtlichen Gesichtspunkten solltest du stets die Größe der Dateien deiner Objekte im Auge behalten. Vergleiche dazu die Abschnitte 1.2, 1.3 und 1.4. Große Dateien benötigen entsprechend viel Zeit zur Übertragung im Netzwerk. Ein 2 MB großes Bild benötigt bei einer Übertragung per Analogmodem bereits 5 Minuten! Die Auswahl geeigneter Dateitypen mit entsprechenden Komprimierungsmöglichkeiten kann die Dateigröße deutlich minimieren.

i Datenübertragungsraten verschiedener Geräte und Netze:

GSM-Handy	9,6 kbit/s
UMTS-Handy	bis 2 Mbit/s
Bluetooth	2.03 Mbit/s
WLAN	bis 108 Mbit/s
USB 2.0	480 Mbit/s
FireWire	400 Mbit/s
Modem	56 kbit/s
ISDN	64 kbit/s
ADSL 2+	bis 16 Mbit/s
VDSL	bis 50 Mbit/s

K 4.6 Berechne die Übertragungszeit verschiedener Geräte und Netze für eine 5 MByte große mp3-Datei und ein 25 MByte großes Video!

Das Internet – ein Teil des Globalisierungsprozesses

Wir kaufen im Internet preiswerte modische Bekleidung, welche in China gefertigt wurde, sehen per Webcam das Wetter in unserem nächsten Urlaubsort, schreiben Mails nach Übersee, überweisen Geld im Onlinebanking, hören Westernmusik und erfahren in Echtzeit, was überall auf der Erde gerade passiert. Wir leben in einer global vernetzten Welt. Mehr als eine Milliarde Menschen nutzten Ende 2005 das Internet. Jeder Fünfte davon verfügte über einen Breitbandanschluss. Die Zahl der mobil telefonierenden Menschen durchbrach die zwei Milliardengrenze, was etwa ein Drittel der Weltbevölkerung ausmachte. Weltweit wurden 880 Millionen PC gezählt. Über die Hälfte der Nutzer lebt in den reichen Ländern der Welt. Im bevölkerungsreichsten Land China liegt der Anteil der Internetuser unter fünf Prozent. Information und Kommunikation werden zu entscheidenden Ressourcen des 21.Jahrhunderts. Doch die Gefahr, dass nicht alle den Sprung schaffen, ist groß. Bislang bewegen sich nur diejenigen in der digitalen Welt, die materiell die Möglichkeit dafür besitzen und über das notwendige Wissen zur Nutzung verfügen. Das weltweite Netz ist daher ein Abbild unserer ungleichen Gesellschaft.

Internetnutzer je 100 Einwohner 2005

Quelle: BITKOM

G 4.1 Interpretiere die Grafik zu den Weltmarktanteilen der Informations- und Telekommunikationstechnik (ITK)!

i Der Begriff **Kalter Krieg** bezeichnet die Epoche gegensätzlicher politischer Handlungen und Aktionen zwischen den beiden Supermächten USA und Sowjetunion und ihren Verbündeten im Zeitraum von 1945 bis 1990, in dem es zu keinen direkten kriegerischen Auseinandersetzungen kam. Synonym wird oft der Begriff Ost-West-Konflikt verwendet.

Das Internet ist ein Ergebnis der Politik des „Kalten Krieges" Ende der fünfziger Jahre des vergangenen Jahrhunderts. Ziel des amerikanischen Verteidigungsministeriums war es, ein Computernetz zu entwickeln, welches selbst nach Zerstörung großer Teile durch einen Atomschlag noch voll funktionsfähig ist. Die Grundprinzipien sind bis heute unverändert:

– Dezentrale Organisation durch Knotenpunkte.
– Jeder Knotenpunkt ist vielfach mit anderen verbunden.
– Jeder Knotenpunkt ist selbstständig und funktionstüchtig.
– Alle Knotenpunkte können Nachrichten erzeugen, empfangen und übertragen.

- Nachrichten werden in selbstständige kleine Pakete zerlegt.
- Jedes Paket sucht sich einen eigenen Weg durch das Netz.
- Es gibt keine inhaltlichen Kontrollen der Nachrichten.

Besonders wichtig ist im Internet die Vergabe der IP-Adressen (↗ S. 142) und der damit verknüpften Internetadressen. Die technische Kontrolle hierfür besitzt die Organisation ICANN.

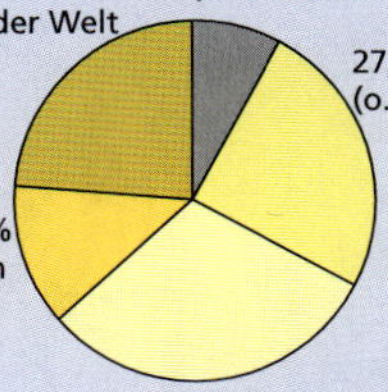

1 Weltmarktanteile Informations- und und Telekommunikationstechnik (Stand: 2005)
Quelle: BITKOM

G 4.2 Informiere dich im Internet über die Organisation ICANN und deren Aufgaben! Warum steht die ICANN oftmals in der öffentlichen Kritik?

Jeder Internetnutzer kann durch die dezentrale Struktur und fehlende inhaltliche Kontrolle prinzipiell auf jede Information zugreifen bzw. Informationen veröffentlichen. So finden sich im Internet Berichte der UNO genauso wie Menschenrechte verachtende Propaganda. Daher bemühen sich viele Organisationen und Regierungen um die Schaffung von Kontrollmechanismen.

G 4.3 Führt in eurer Profilgruppe ein Rollenspiel zum Thema: „Regulierung des Internets" durch! Teilt dafür die Gruppe in die Teilgruppen „Freies Internet", „Netzregierung" und „Jury" ein! Jede Teilgruppe bereitet für die gemeinsame Jurysitzung ihre Beiträge vor. Nach der Anhörung zieht sich die Jury zur Beratung zurück und verkündet danach ihre begründete Empfehlung!

G 4.4 Einer populären Auffassung zufolge verstärkt die Vernetzung von Computern die Individualisierung, Vereinzelung und Vereinsamung der Menschen. Be- oder widerlege diese Behauptung anhand von recherchierten Beispielen!

G 4.5 Erstelle eine Vergleichstabelle zu den Kommunikationsangeboten Usenet, Webforum, Mailinglist und Chat. Finde geeignete Vergleichskriterien! Die spezielle Form der Kommunikation von Menschen im Internet auf der Basis von Text führt zu ganz spezifischen Problemen. Deshalb besitzen alle Kommunikationsformen Sammlungen von Empfehlungen zum Umgang miteinander, die Netiquette. Suche im Internet solche Regeln der **Netiquette,** nach denen du selbst gern behandelt werden möchtest!

i Die **Netiquette** (Kunstwort aus net – Netz und etiquette – Etikette) beschrieb ursprünglich die Verhaltensregeln im Usenet. Obwohl sie als wichtiger Bestandteil der Netzkultur in den Datennetzen allgemein anerkannt ist, besitzt sie keine rechtliche Grundlage.

Vernetzte Welten im Sport

Die aktive körperliche Betätigung im klassischen Sinne bedarf sicher keiner Computer oder Computernetzwerke. Doch in der Vorbereitung, der Durchführung oder der Nachbereitung sportlicher Ereignisse ist der Einsatz moderner Informations- und Kommunikationsdienste heute nicht mehr wegzudenken.

S 4.1 Belege die oben genannte Aussage mit konkreten Beispielen bezüglich der Austragung olympischer Spiele!

Sport bietet dem Menschen bei der Ausübung körperlicher oder geistiger Tätigkeiten ein breites kulturelles Handlungsfeld. Neben der aktiven sportlichen Betätigung nimmt der Passiv-Sport, d.h. das rege Verfolgen als Zuschauer über die Medien, einen wichtigen gesellschaftlichen Platz ein. Das Internet als bedeutende sportliche Informationsplattform hat sich etabliert. Als ein Höhepunkt der Netzwerkanwendung könnte der erstmalig ausschließliche Verkauf von Tickets per Internet für die Fußballweltmeisterschaft 2006 in Deutschland angesehen werden.

S 4.2 Diskutiert und positioniert euch in der Profilgruppe zu folgender These eines Informatikers: „Moderne Rechentechnik und Netzwerke werden künftig Radio, Fernsehen, Bücher und Zeitschriften im klassischen Sinne überflüssig machen!"

i **VLAN** (Virtual Local Area Network) ist ein über einen oder mehrere Switches hinweg getrennt betriebenes LAN. Normalerweise kann jeder Computer an einem Switch auf jeden Computer am selben Switch zugreifen. Um dies zu verhindern, wurde das Ethernet-Protokoll modifiziert und die Kopfdaten des Paketes um 4 Byte erweitert. 12 Bit davon werden für die Identifikation des VLAN verwendet.

Eine besondere Herausforderung an die Netzwerktechnik stellt die Austragung von sportlichen Großereignissen dar. Der netzwerkgestützte Computereinsatz umfasst die Organisation, die automatische Erfassung der Ergebnisse, deren Auswertung, die Weiterleitung an die Medienvertreter und die Veröffentlichung auf Webseiten. Beispielsweise wurden ca. 400 Millionen US-Dollar in das Rechnernetz der olympischen Sommerspiele in Athen 2004 investiert. Aus Sicherheitsgründen wurde dieses Netz vom Internet abgekoppelt und in mehrere VLAN unterteilt. Nach außen existierten nur wenige geschützte Zugänge. Etwa 400 IT-Experten waren in den Datenzentren und an den 61 Austragungsorten beschäftigt. Vielfältige und interessante Informationsangebote aus dem Sport können das Lernen und Lehren nachhaltig unterstützen. So bietet das Internet für nahezu alle Sportarten wertvolle Materialien, wie Beschreibungen, Regelwerke, Bewegungsabläufe, an.

S 4.3 Suche im Internet verschiedene Informationsangebote zu einer dir weniger bekannten olympischen Disziplin und sammle von dieser erste Eindrücke! Stelle deine Ergebnisse der Profilgruppe vor und schätze die Angebote kurz ein!

Sicher bist du bei deiner Recherche auf Materialien unterschiedlichster Qualität gestoßen. Die Menge der vorhandenen Informationen macht eine Auswahl notwendig. Zunehmender Kommerz und Werbung beeinträchtigen den Überblick im Netz. Viele Firmen haben erkannt, dass der Internetverkauf von Waren hohe Umsätze erzielt. In Deutschland entfallen etwa ein Drittel aller Internetverkäufe auf Kleidung und Sportartikel.

Neben den bisher erwähnten Möglichkeiten gibt es auch echte sportliche Aktivitäten im Netzwerk. Weit verbreitet sind herkömmliche Brett- und Kartenspiele. Das traditionelle Fernschach nutzt die kommunikativen und kooperativen Möglichkeiten der weltweiten Vernetzung. Spezielle Schachserver im Internet erlauben die Auswahl verschiedenster Spielvarianten vom Blitzschach bis zum Fernschach mit langen Bedenkzeiten. Eine besondere Software ist in der Regel nicht notwendig, da die Bedienung direkt im Browser erfolgt. Die relativ hohe Popularität resultiert aus der ständigen Verfügbarkeit von Gegnern.

i **Fernschach** ist eine besondere Form des Schachspiels, beim dem sich die Gegner nicht am Brett gegenübersitzen, sondern ihre Züge infolge räumlicher Trennung per Postkarte, Fax, E-Mail, o.Ä. austauschen.

S 4.4 Welche Bedeutung siehst du in der parallelen Verwendung von Computerunterstützung beim Fernschach?

Wie alle Bereiche unseres Lebens, so entwickelt sich auch der Sport weiter. Interessanterweise brachte der Fortschritt der Rechnernetze eine völlig neue Sportdisziplin hervor, den E-Sport. Infolge von Vorurteilen und teilweise bedenklicher Spielinhalte kämpft der E-Sport in vielen Ländern mit allgemeinen Akzeptanzproblemen. Aber er fordert auch von den E-Sportlern ein hohes Maß an Spielkönnen (Reaktion, Koordination) und taktisches Geschick, was dem Grundverständnis von Sport entspricht.

i **E-Sport** (elektronischer Sport) kennzeichnet das gleichzeitige wettkampfmäßige Spielen mehrerer Teilnehmer von Computer- oder Videospielen im Netzwerk-Modus mit- und/oder gegeneinander.

S 4.5 Bildet eine Gruppe von mindestens vier Schülern und teilt die Gruppe in die Rollen Befürworter und Gegner. Sammelt getrennt Argumente und führt eine Streitdiskussion zur Frage: „Soll E-Sport eine olympische Disziplin werden?" Reflektiert eure Eindrücke vor der gesamten Profilgruppe!

Auf den Punkt gebracht

Rechnernetze

Rechnernetze (=Computernetze) verbinden elektronische Systeme zum Zwecke der Kommunikation. Dabei werden Daten ausgetauscht bzw. gemeinsam benutzt.

Kabelgebunden
PAN, LAN, MAN, WAN, GAN

Wireless
WPAN, WLAN, WMAN

Der Rechnernetzbaum ; Kommentare

Rechnernetz
- **Hardware**
  - **kabelgebunden** ; Übertragung per Strom- oder Lichtkabel
    - **Netzwerkkarte** ; wandelt zwischen parallelen und seriellen Daten
    - **Kabel** ; für elektrischen Strom oder Licht
    - **Switch** ; schaltender Verteiler im Kabelnetzwerk
    - **Modem** ; Verbindung zum Telefonnetz
  - **Wireless** ; drahtlose Übertragung per Funktechnik
    - **Netzwerkkarte** ; wandelt zwischen parallelen und seriellen Daten um
    - **Access Point** ; Gerät für zentralen drahtlosen Zugriffspunkt
      - **Ad-hoc-Modus** ; gleichberechtigter Zugriff aller Endgeräte
      - **Infrastruktur-Modus** ; Endgeräte verbinden sich über zentralen Punkt
  - **Topologien** ; Struktur von Verbindungen im Rechnernetz
    - **Bus** ; alle Computer über einen Kabelstrang verbunden
    - **Stern** ; alle Computer mit einem Switch verbunden
    - **Baum** ; alle Computer über mehrere Switch verbunden
    - **Ring** ; alle Computer an kreisförmigen Kabelstrang
    - **vermascht** ; Computer sind mehrfach miteinander verbunden
    - **Zelle** ; Sende- und Empfangsbereich eines Access Point
- **Software**
  - **Betriebsystem**
    - **Gerätetreiber** ; Software für Betrieb von Hardwarekomponenten
    - **Dienst** ; Kommunikationsangebot eines Programms
    - **Protokoll** ; System von Regeln der Informationsübertragung
  - **Client** ; Programm, welches Serverdienste nutzt
  - **Server** ; Programm, welches Dienste im Netzwerk bereitstellt
  - **Firewall** ; überwacht den Datenverkehr zwischen Netzwerken
- **Hard- und Software**
  - **Router** ; verbindet Rechnernetze gleicher Protokolle
  - **Gateway** ; verbindet Rechnernetze verschiedener Protokolle
- **Prinzipien**
  - **Peer-to-Peer** ; gleichberechtigte Kommunikation im Netzwerk
  - **Client-Server** ; hierarchische Kommunikation im Netzwerk
  - **Datenschutz** ; schützt die Rechte von Gemeinschaften & Personen
  - **Datensicherheit** ; Maßnahmen zum Schutz von Systemen und Daten
- **Modelle**
  - **Schichtenmodell** ; Standard für Hard- und Software in Rechnernetzen

Klassen, Objekte und Methoden

Eine **Klasse** fasst Objekte mit gleichen Eigenschaften zusammen. Mithilfe der angegebenen Attribute und Methoden in einer Klasse lassen sich gleichartige Objekte eindeutig beschreiben.

KLASSENNAME
Attribut_1 Attribut_2 Attribut_3 ... Attribut_n
Methode_1() Methode_2() ... Methode_m()

LAUBBAUM
Standort Art Baumhöhe Blütezeit ...
BaumPflanzen() Verschneiden() Wachsen(Länge) ...

Darstellung als Klassenkarte – allgemeine (links) und als Beispiel Laubbaum (rechts)

Objekte sind eindeutig identifizierbare Elemente der realen oder virtuellen Welt (z.B. Gegenstände, Individuen, Ereignisse, Begriffe, Sachverhalte o. ä.). Alle Objekte einer Klasse besitzen die gleichen Attribute und die gleichen Methoden. Ein Objekt einer Klasse wird durch seine Attributwerte eindeutig bestimmt.

Objektname:KLASSENNAME
Attribut_1 = Attributwert_1 Attribut_2 = Attributwert_2 ... Attribut_n = Attributwert_n

Allgemein:

```
Objektname.Attribut_i=Attributwert_i
```

Beispiel:

```
Baum1:LAUBBAUM
Baum1.Standort = Schulgarten
Baum1.Art = Linde
Baum1.Baumhöhe = 12m
Baum1.Blütezeit = [06 .. 07]
. . .
```

Darstellung unter Verwendung der Punktnotation

Baum1:LAUBBAUM
Standort = Schulgarten Art = Linde Baumhöhe = 12 m Blütezeit = [06 .. 07] ...

Darstellung als Objektkarte – allgemeine (oben) und als Beispiel Baum1 (unten)

Methoden einer Klasse beschreiben das mögliche Verhalten von Objekten. Durch die Anwendung einer Methode kann der Zustand eines Objekts (gelesen oder) verändert werden.

Register